エコ・ファンタジー

eco fantasy

環境への感度を拡張するために

山田利明
河本英夫
編著

春風社

エコ・ファンタジー　目次

Ⅲ 文化的環境

Ⅳ 障碍者・高齢者・避難者の環境

はじめに

エコロジーは、一般に魅力がない。何故なのかと疑問に思うほどである。エコロジーは、現代の人間にとっても、現代社会にとっても、とても重要なテーマのはずである。人類の持続可能な生存にかかわる学問なのだから、本来重要でないはずはない。ところがそこで描かれるものは、重要な事実の指摘や方向付けが含まれているはずであるのに、身に迫るような現実感がない。どちらかといえばピンと来るものが少ないのである。環境を大切にしようと言われても、どうすることなのかがただちにはわからない。そこにはいくつもの課題があるに違いない。

地球環境の維持というとき、たとえば大気中の二酸化炭素の濃度を下げるという課題がある。日本でも大気中の二酸化炭素を引き抜き、圧縮して液化させ、地中や海洋中に埋めておくような試みがなされている。個々の場面での技術の進展はわかる。しかし地球全域で考えれば、あまりにもスケールが大きすぎて、日常の生活感覚の延長上につながっていくことができない。一般に地球環境全体のようなマクロな事態と、個々の生活上の生活感とが距離がありすぎるために、日々の生活のなかでどのように感じ取れれば環境問題が感じ取れるのかがよく分からないのである。口永良部島《くちのえらぶじま》の噴火の映像を見れば、地下マグマの勢いが凄まじいものであることはただちに分かる。噴火口近くのマグマの温度は五〇〇度程度らしい。その温度のマグマが、自分の足元深くでも活動しているとすればなにやら現実感が変わってくる。局所的にイメージできる感度を目いっぱい広げていくと、地球環境の輪郭が変わってくる。

環境の維持機構は地球全域にかかわり、複雑な要因がからむために、直接経験できるようなものではない。たとえば地球上の種の総数は、増えているのだろうか減っているのだろうか。人間生活の近傍にある領域では「絶滅危惧種」が指定され、保護対策が立てられる。その場合であっても地上の種の総数の増減を推定するところまではいかない。こうした隔たりの間に、いくつかの中間段階で、生活感覚から感じ取れるような指標の工夫が必要だと思われる。いまのところごく身近な緑地や里山の維持、ゴミの分別収集のようなレベルと、地球全域のようなマクロなレベルの間にあまりにも大きな隔たりがあり、環境への現実感がなだらかに繋がっていくことはない。ここにイメージの拡張が必要となる。それは一面ファンタスティックな環境を感じ取って行くことでもある。

人間にとって見える環境はごくわずかである。河川の汚濁や北京の大気汚染は、誰にでも見える。見えている環境負荷を減らしていくことは、とりあえず人間の生活の維持のために必要なことである。ここでは環境保護と言いながら、実際には「人間保護」にしかなっていない。放置すればいずれ近い将来に人間生活に支障のでる範囲での環境改善を行っているのである。環境のなかで見えない部分を見えるようにする作業の大半は、科学が行うことである。

見えない部分にかかわる有効な指標を取り、理論仮説を組み立て、ともかくも見えるようにしてくれる最大の推進力は科学である。見えないほど微細なものを見えるようにし、見えないほど遠くのものを見えるようにし、見えないほど大昔の事象を見えるようにしてきたのも科学である。ところが科学は現状の説明をもっぱらの課題としている。逆にたとえば人間の能力を拡張していくような環境設定として、どのようなものが考えられるか、という課題を設定してみる。そうした環境を設定すれば、健康維持に貢献し老化を遅らせることに役立つような設定はありうるに違いない。これに対しても科学はなんらかの選択肢を用意できるはずである。しかし科学的なデータは、基本的に現状の説明に力点を置き、現状が維持されることを主眼とした提言を行うことに向いている。そこで描かれる環境像は、基本的には「均衡」や「平衡」を軸にしている。エコロジーにかかわる科学の価値基準は、人間文明の持続可能性であり、それはどちらかと言えば変化の速度を遅くすることである。そしてこれは通常、スリリングでもエキサイティングでもない。持続可能性のもとでも、より多様な選択肢をもたらすような仕組みがあってもよい。毎日の生活の工夫がより豊かな生活をもたらすような工夫はできるに違いない。そこにファンタスティックな生活がある。

エネルギー政策にも同じタイプの問題がある。たとえば原発の廃炉は、二世代以上にまたがる課題である。エネルギー政策そのものは五世代あるいは十世代にまたがる課題である。エネルギーの種類を組み合わせる「ベスト・ミックス」の内容は、この間に大幅に変わるはずである。だが現時点ではいったいどのようなものになっていくのかはわからない。原発そのものは廃炉まで含めると膨大なコストのかかる不完全技術である。これをさらに改良を加え、完全なものにしていくという方向は、どの程度の見込みがあるのか。廃炉のコストを下げるためにもさらに高度に技術化しなければならない部分はあるに違いない。エネルギー政策は、マクロ政策のなかでも多分野で影響力の大きい課題である。エネルギーともなると個々人の工夫の余地はあまりないようにも思える。そしてそれがエネルギーということの問題であるのかもしれない。各家庭でのエネルギー使用について、選択肢があるような仕組みがなければ、エネルギー選択での工夫の幅を感じ取ることは難しい。

他方、深く味わえるようなエコロジーはあるのだろうか。エコロジーは、人間の生活そのものである。長い時間の試練や風雪に耐えて、その結果簡素になった生活は、エコそのものでもある。どのような時代でも、科学技術の成果を取り入れて、少しでもまともな生活をしたいと願うのはごく普通のことである。その時代の水準のなかでも、無駄を排し、簡素さのなかでの豊かさを求めていく生活が、エコロジーである。そこに生活上の工夫があるはずである。そこには家事の達人、倹約の達人というような人たちまで生まれる。それらは小さな工夫の蓄積であり、日常の知恵である。こうした小さな蓄積につながるような感度で環境を感じ取り、環境のなかでさらに工夫してみるようなエコロジーが実行できないかと思う。このことは家計上の節約とは異なる。経済(エコノミー＝家計の規律)も語源上はエコロジーと同じところを目指して成立しているが、家計上の規律とは別に生活の豊かさへと向かうような日々の工夫があってよいのである。

エコロジーの主張は全般にいくぶんか暗い。その暗さは、現状を批判し、どこかで我慢したり、抑えたりする部分が含まれているからである。また自分の議論や生活感情を思想的にどこかで正当化しようとするからである。思想的に正当化しなければならないものは、どこかに無理が来ている。無理をしてまで学ばなければならないものは、余程貴重なものか、どこか筋違いをやっているかである。そして筋違いの議論は、突っ張って頑張っても長くは続かない。余分な思想的正当化を持ち込まないで、持続的に実行でき、際限なく奥行きのあるエコロジーはないのだろうか。ここにファンタスティックなイメージの活用が必要となる。

環境には、そこに住まうものがおのずと共有している部分と、どのように住まうものを共通に取り巻いていようとそれぞれの人にとって異なる部分とがある。たとえば高齢者や障碍者や災害の避難者は、それぞれに固有の環境をもっていると考えてよい。そのレベルから考えていかないとうまく捉えることのできない環境がある。障碍者にとっての環境は、負荷（バリアー）を減らすだけではうまくいかない。基礎的能力の減退を避け、さらに少数の能力については暮らしているだけで向上するような設定も考案していかなければならない。このとき眼で見て捉えている環境と本人の身体にとっての環境とがずれてくる。眼差しにとっての環境と、身体ならびに身体の運動で対応している触覚性環境とはまったく別の物である。ここを連動させて、本人にとって有効に関与する環境をどのように設定するかは、ほとんど課題として残っている。

こんなふうに考えていくとエコロジーはいまだ詰めることのできていない課題に溢れていることがわかる。そこには構想力やイメージが必要とされる領域が多く、また今ある現実に対して新たな選択肢を提示していく場合にも、こうした構想力やイメージが必要となる。それはある意味でファンタスティックな環境を構想していくことでもある。本書はそのために多くの手掛かりを提供してくれると考えている。

河本英夫

I

環境への思い

1

ファンタスティックな環境

岩崎 大

1　哲学は燃えてなくなる――沈黙の喪失

「だれもが、ほかのものとおなじ形をとって、はじめてみんなが幸福になれるのだ。高い山がポツンとひとつそびえていたんでは、大多数の人間がおじけづく。いやでも自分の小ささを味わわなければならんことになる。といったわけで、書物などというしろものがあると、となりの家に、装弾された銃があるみたいな気持ちにさせられる。そこで、焼き捨てることになるのだ。銃から弾をぬきとるんだ。考える人間なんか存在させてはならん。本を読む人間は、いつ、どのようなことを考えだすかわからんからだ。そんなやつらを、一分間も野放しにしておくのは、危険きわまりないことじゃないか」

（レイ゠ブラッドベリ『華氏４５１度』）

読書が禁止された世界は幸福に満ちている。幸福の主な源泉であるテレビの画面には、「あなたの家族」と称する人々がいて、視聴者の名を呼び、あたかも固有の会話をしているような台詞のやりとりをする。テレビは、反芻を許さぬスピードと迫力で絶えず視聴者の意識を引きつけ、中毒的な高揚をもたらす。日々考えるのはテレビのことであり、テレビは誰もに等しく幸福を提供する。そして目の前の確かな楽しみは、現実の煩わしさを感じる余地を与えない。かくして平等かつ幸福な社会が成立する。幸福の度合いは、部屋に何台のテレビモニターを設置できるかにだけ比例する。

スピードと迫力の世界では、読書のほかにも、時速四〇マイル以下で車を走らせることも違法である。テレビを消して眠りにつくときには耳の中に小型のラジオをはめ込み、電車のなかでは小気味良いリズムに乗せて大音量の広告放送が流れ続ける。人々の生活には、常になんらかの感覚的な注意対象（とりわけ視覚、聴覚的な刺激）があり、それ以外のことが意識されない。それが平和の秘訣なのである。なぜなら、注意対象がなくなるとき、人は停止と沈黙のなかで「考える」という行為をしてしまうからだ。玄関の前や庭に揺り椅子を置いて、物思いにふけることも、和やかな会話を交わすこともあってはならない。洋服がボタンからチャックに変わったのは、着衣の時間を節約することで、ボタンを掛けながら考え事をする隙を与えないためである。反省や吟味という行為には、不安や疑問が伴う。そしてその不安や疑問の解消を、忘却するのではなく、変化のための具体的行為に求めるとき、その行為は平等と平和を乱す反社会的行為となる。

超高速で走る車の窓に自然の木々が映ろうとも、それは緑色の残像でしかない。現実の人とのつながりは希薄化し、結婚相手に悩むことも、人の死を悼むこともない。この小説のなかの人々の生活にある表面的な高揚感に対し、読者はその裏腹の空虚さ、愚かさを感じることを禁じえないが、それと同時に、自分たちの生きるこの現実世界も、スピードと迫力に満ちた平等と幸福へと向かっているのではないかという、作者の痛烈な批判に不安を覚える。現実の世界の人々は、学校や仕事の忙しさはもとより、通勤通学の時間に、音楽を聴き、ニュースを読み、英語を勉強し、ゲームをすることができる。満員電車で他人と密着しながら、気心の知れた友人や家族とメールでやりとりすることもできる。そして、膨大に排出され、共有される情報と技術のなかで、多様性のある世界が成立し、与えられた多様な選択肢から何かを選ぶことで「個性」を獲得することができるのである。

幸いにして現実社会では、読書は良いこととされ、プラトンの『国家』は燃やされるべきものではない。しかし、出版業界は不況である。読まれる本、売れる本にも、スピードと迫力が求められている。売れない本は、違法物として焚書官に燃やされることはないが、社会によって焼却される。キャリアアップのための勉強は許されても、停止と沈黙を伴う哲学的な自己反省は影を潜め、難解で重厚な哲学書や文学書は、少数の人間を除いて、教育現場での強制によって読まれる程度である。

現代の学生諸子にも、沈黙の喪失という印象を受ける。彼らにはいつどこにいてもやるべきことがあって、常に誰かとつながっている。同時に彼らは、「学ぶ」ということの意味を見失っているようにも見える。彼らにとって学ぶことは、具体的な何かを得るための手段であり、「遊ぶ」ことと反対の労苦である。もはや学ぶ内容ではなく、学んだ（ことによって知識を得た）という事実が重要なのである。これは、知を愛する（philosophia）営みのなかで自己反省を展開していく哲学の態度とは全く異なる。知識は、沈黙のなかでの反省がなければ、無用の長物にすぎないとするのが哲学である。すなわち、哲学書を読むことは哲学ではなく、庭の揺り椅子で物思いにふけることこそが、哲学なのである。

とはいえ、哲学を失うことを嘆く道理はない。スピードと迫力に基づく平等と幸福に対し、哲学が停止と沈黙に基づく混乱と苦悩を導くのならば、その道を選ぶ理由はない。飢餓や疫病、紛争によって常に混乱や苦悩、死の危険を感じざるをえない時代や場所において、哲学は、正しい認識によってその苦悩や恐怖を解消し、何ものにも煩わされない不動心（アタラクシア）に達する助けとなる。しかしそのような「考えざるをえない環境」にないのであれば、幸福な現実からあえて不要な思い煩いへと向かう必要はない。幸福を維持するためには、幸福をもたらすもの以外を意識から排する「考えないための環境」の方が、より平等で、確実で、効率的である。冒頭の焚書官署長ビーティの言葉は、彼自身が読書に手を染めた過去があるゆえに、不幸にも書物に興味を抱き「考えてしまった」主人公モンターグに対して、異様な説得力をもって語られている（モンタークはこの後、窮地に陥った際にビーティを焼き殺し、逃亡する）。

2 「考えないための環境」から離脱する

しかしながら、考えないで幸福を維持できるほど、現代は完成した世界ではない。たしかに、考えないことによる内的違和感、ハイデガーが述べるような、言葉や感情として意識されない気分(Stimmung)としての不安(Angst)のようなものがあるのかもしれない。だがその違和感は、スピードと迫力、膨大な情報とそれを選択することによる自尊心によって抑制されるかもしれないし、そのような漠然とした感覚に現状を破綻させるほどの力動性はない。あえて不安に目を向ける必要がないなかで、それでも違和感をもち続ける少数の人間に対しては、狂気と退廃、暴力と嘲笑の対象として隔離すれば、事は済む。

一方、小説のなかでは、戦争という事実を無視し続けていた街が、空爆によって一瞬で消滅してしまう。すなわち考えないことで得られていた平等と幸福は、外的破綻によって失われるのである。スピードと迫力による眼前の変化への注意は、長期的ないし根源的な視点を欠くことで、生活や共同体のシステムを固定させる。だが固定化したシステムによる安定というものは、環境適応の手段としては極めて危険である。固定された自己(内部)に都合のいいように環境を支配し、操作するという方法は、よほど強靭な力とシステムを持っていない限り、持続可能性は見込めない。生存や適応には、環境(外部)に対して隔絶するのではなく、関わりのなかで影響されつつも、維持・回復を可能にする柔軟性、いわゆるレジリエンスが必要となる。

解消しえない外的破綻のなかでスピードと迫力に浸るということは、パスカルの言葉を借りれば「目隠しをして崖に駆け込んでいくようなもの」[*1]、救いの可能性を自ら放棄するもっとも愚かな行為となる。とはいえ、パスカルにとっての救いとは信仰であり、賢愚の基準もそこにある。信仰無き者にとって、死、老、病といった外的破綻が動かし難い限界状況であるならば、せめてそれを忘れようとする「気晴らし」の生こそが、もっとも幸福なのかもしれない。ここではその問題は扱わないが、[*2]不可避の外的破綻に対して「考える環境」の必要性を合理的に示すことは難しい。

しかし、個人の生き方や感情に関するものではなく、人命、共同体、人類、生態系といった人間の生存や社会の維持に関わる、具体的かつ社会的事象については、少なくともその破綻が解消可能なものである限り、社会的に対処されるべき問題として共有されることになる。それは生物として、あるいは共同体としての基本原理だからである。現代になって、人類の進歩の象徴たる自然科学によってもたらされた、環境問題という人類共通の危機が自覚されるようになった。すなわち環境問題は、スピードと迫力の世界へと進む人類の進歩に、既存のシステムでの持続不可能性を訴えるものとして、考えるための停止と沈黙を要求するのである。

しかし残念なことに、人間の猪突猛進を否定する環境問題の発見でさえ、その突進を止めるには十分でないようである。環境問題の困難は、現世完結的な意味での因果応報、あるいは自業自得という構造が機能しないことにある。ケーキを食べれば、おいしい思いをする代わりに太ってしまう。食べれば太るとわかっているのに、食べて、太ってしまう。それは自業自得である。しかし環境問題の場合、ケーキを堪能しつつも、そのカロリーを他人に押し付けることができるという夢のような構造になっている。おまけにその哀れな他人は、貧困国や海抜の低い国の人々であったり、まだ産まれてもいない将来世代であったりと、ケーキを食べた本人からは見えないような人間であるため、罪悪感を覚えたり、復讐に脅える必要もない。とはいえ、環境問題が自分とは完全に無関係であると思っているわけでもない。それが自身のいる社会を破綻させうる脅威であるということを理解してはいる。にもかかわらず、人々はスピードと迫力のなかで、階段ではなくエレベーターを使い、夏に凍えて冬に汗をかくようなエアコンの使い方をするのである。

すなわち環境問題の自覚は、環境問題の解決（のための実践）とは、簡単には結びつかないのである。環境問題は、ケーキを堪能したいという快楽的な欲求以上の複雑かつ深刻な目的、たとえば生存のため、家族のため、企業のため、国家のためといった大義と関わることで、強い意志をもってないがしろにされる。囚人のジレンマ、共有地の悲劇、フリーライダーなど、様々な状況と価値観をもった利害関係者間での社会心理的問題が存在することで、環境配慮行動を選択することが、明らかな損害になったり、他者の横暴を許したりと、利害の面で不合理な選択とされてしまう。このままでは全員が破綻するとわかっていても、自分だけが出し抜かれて今破綻してしまうことがないようにと、それぞれが不信感のなかで少しずつ破綻にむかっていく。まさに危機的状況である。このような状況では、もはや善意のみで環境問題を解決しようなど、幻想でしかない。

環境教育は、こうした環境問題の困難を考慮した上で進めなければならない。すなわち、環境問題の現状や諸政策、将来予測に関する知識を身につけ、「何をどうするのが正しいのか」ということを理解させるだけでは全く不十分なのである。環境問題に対して個人にできることを啓蒙することも必要であるが、やはり「地球規模の問題に自分一人が努力（我慢）して何になるのか」という気持ちが、継続的な実践を途切れさせる。実践を引き出すには何をすればよいのか。環境省は、「環境の保全に関する情報の提供並びに環境の保全に関する体験の機会の提供及びその便宜の供与」[*3]による「環境保全の意欲の増進」を課題としている。その試みは「問題の本質や取組の方法を自ら考え、解決する能力を身につけ、自ら進んで環境問題に取り組む人材を育てていく」[*4]ことであり、覚えるべき知識や守るべき態度を提示するのみならず、主体性を育むことを意図している。[*5]しかし、逆説的ではあるが、「環境問題に対してどのように取り組むか」や、「持続可能な社会をいかにして形成するか」という枠組みでの教育、すなわち「環境保全活動並びにその促進のための教育」や「持続可能な開発のための教育（Education for Sustainable Development）」は、むしろ知識と有効な実践を阻む壁として覆い隠すべきである。すなわち、環境問題の目的意識は、教育する側がもつに留め、少なくとも教育の初期段階では、教育を受ける側にこの意識を共有させるという仕方は放棄してしまえばよい。なぜなら、環境教育という枠組みで価値観を提示した途端に、それは多様な価値観のなかで与えられた選択肢の一つとなり、そうなれば前述の通り、合理的判断によってそれが選択されなくなるからである。

では何を教育テーマとして設定するのかというと、「あなたはどのような環境のなかで生きたいか」という、より広範かつ根源的な問いを設定する。この問いからはじまるのがエコ・フィロソフィである。この問いは、自分にとっての「よりよい環境」を構築するという実益を伴うがゆえに、実践との距離が近く、さらに環境との関わりのなかで立ち止まって自らの「よりよい生」を模索するがゆえに、哲学的営みでもある。あらゆる諸前提、限定された問題設定を排して行為の展開可能性を拡張していく、エコ・フィロソフィによる環境教育は、思考の停滞を除去し、自発的な思索を促す。そのためには、ときに学びの場に遊びを引き入れることも必要である。環境教育において重視される体験的学習についても、*6 ただ現場に身を置くのではなく、目隠しをしたり、「花を置くならどこがいいか」などを考えさせたりして、日常生活とは異なる運動と感度を引き出し、気づきを促すためのヒントを与えれば、体験知はたし算ではなくかけ算のレベルで蓄積される。現実を注視することではわかりえない、全く別の可能性を思い描く創造的遊戯や、日常では体験しえない奇妙な身体運動や建築物に没頭することで、体験知を伴った自己反省が展開する。学ぶことが手段としてではなく、生き方に直結する目的となるとき、知識は相貌を変える。エコ・フィロソフィは、教育に意味と遊びを取り戻し、その展開によって結果的に環境問題の解決を導くという、ファンタスティックな取り組みなのである。

3　環境概念の拡張と近接化

環境問題に関心を示す多くの人は、「環境」という言葉に対して、地球温暖化の文脈で言及される、消えゆく森林や、崩れゆく氷河といった自然環境をイメージする。だがそのような「護るべき自然」が、自身の生活する文明のなかで、手で触れるにはあまりに遠く、巨大で、漠然としている外のものとされる限り、感覚的実感を伴う実践は見込みがたい。そしてこの実感の欠如こそが、知識と実践とのあいだの絶望的ともいえる隔絶をもたらしている。しかし自然とは、日々の食料としてその命を奪っている動植物でもあり、仕事や生活に欠かせない資源でもあり、普段は気にすることなくその下を歩いている街路樹でもあり、あるいはガンジス川のような宗教的聖地でもあり、風水のように生活の機運をつかさどる力でもある。それらの生活に直接関わる自然は、決して外なるものではない。

環境教育にファンタジーが求められるのは、固執した意識や身体に、非日常による揺さぶりをかけることで、手に届く環境と自分自身との有機的な関係に気づかせ、知識と実践とのあいだの隔絶を解消する自立的展開を導くためである。それゆえ、知識を与える際には、常に自分自身とのつながりを意識させねばならない。しかしながら、地球温暖化という大規模な問題を独立に扱うことが、すでに環境概念を「内なる文明と外なる自然」とする西洋的自然観の対立構造を認める温床になっている。自然を支配の対象ではなく、同じ場所で相互に影響しあいながら生活する「共生」の対象とする東洋的自然観は、東洋人が潜在的に有している環境イメージであり、環境を自己へと近接化させる。無論、人間は等しく東洋思想に準ずる自然観をもつべきであるなどということではなく、そのような感覚を潜在的に有しているのならば、それを喚起するように促すことで、自身にとっての「よりよい環境」を吟味していく契機とするのである。
さらに、自然環境に限らず、生活環境、家庭環境、教育環境という言葉で語られるような環境について言及することで、日常の自分の行為が、いかに環境によって支配されているかということを気付かせることも必要である。講義の受講者が三〇〇人の場合と一人の場合では、受講態度は変化せざるをえない。それは規制や注意によって自由を抑制するのとは違うかたちで行為に影響する。室温、騒音、家具、満腹感、疲労感、そして、文化、経済状況、他者のまなざし、こうした身の回りの環境が、無意識に行動を支配しているという事実は、その環境を変化させてしまえば、新たな価値観や行為が展開されうるということをも意味する。そして人間の行為に影響を与える環境とは何かといえば、生活、労働、教育に関わる日常の空間や、家族、友人、同僚などの他者関係、地域、都市、企業、国家などの社会的関係、森林や海洋などの自然、さらには天候や季節に関わる天体運動まで、どこまでも拡張可能である。バックミンスター・フラーはその即興詩で、環境のなかで浮遊する自己のあり方をこのように描いている。*7

それぞれの人にとって環境というものは
「私を除くすべてのもの」
それに対して宇宙というものは
「私を含む全てのもの」
環境と宇宙との唯一の違いは私…
見て、為して、考えて、愛して、楽しむものである私環境とはかくも身近であり、かくも広範な概念であるということが実感できれば、環境に対する気付きの感度は拡張する。環境に対する実感が伴えば、様々な利害関係のなかから、自ら進んで環境問題に取り組む者も増える。だが、環境への感度の拡張の効果は、それだけの話ではない。地球温暖化対策という文脈での環境は「護るべき資源」のためにどのような行為を選択するかが問題となるが、多様な価値観や利害に基づく選択肢から環境問題を優先させるのは困難なのであった。だが、たとえばエレベーターではなく階段を利用するという行為自体には、地球温暖化防止のための選択とは別に、階段を利用すれば健康に良いからとか、移動時間を短縮したいからとか、他人に褒められるとか、混雑するエレベーターに乗らなくてすむとか、そういった個人的な価値観によって選択されるものでもある。これらの選択基準は、分解すれば一個人のなかでの多様な価値観となるが、実際の生活においては、有機的に連関していて、通常の行為の際には、分解されていない。環境への感度の拡張は、選択肢を増やすというよりも、むしろ環境に対して様々な結果をもたらす行為の意味づけを再構築し、価値観相互の連関を体験的に深めながら、より総合的で内実のあるものへと変容させる機能を果たす。すなわち、「よりよい環境」ないし「よりよく生きる」ための自己反省が展開していくことで、行為を主体的なものへと昇華していくのである。そしてその実践が、結果的に環境問題に対応する行為となれば、社会的問題も解決することになる。

実践を目的とする学際研究は、研究分野間の壁を取り払うだけではなく、学問と現実、すなわち知識と行為との壁をも取り払わなければ、有効な成果を見込めない。環境教育において必要なのは、危機の現状を訴えて規制を正当化したり自己犠牲を求めたりすることではない。既存の価値観を揺さぶるファンタスティックな教育は、沈黙と停止のなかで自己と環境とのよりよい関係を絶えず模索していく哲学的態度を習得させるものであり、その先には、社会的危機に応じる主体的実践が期待されるのである。

注

1　参照:パスカル『パンセ』、田辺保訳、『パスカル著作集』六巻所収、教文館、一九八〇年、一六六(Br.一八三)。

2　この問題については拙著『死生学――死の隠蔽から自己確信へ』(春風社、二〇一五年)において、死を焦点にして詳述している。

3　環境省「環境教育等による環境保全の取組の促進に関する法律」(改正:平成二三年六月一五日法律第六七号)

4　環境省「環境保全活動、環境保全の意欲の増進及び環境教育並びに協働取組の推進に関する基本的な方針」(平成二四年六月二十六日閣議決定)

5　環境教育の基礎となった一九七七年ユネスコ主催のトビリシ環境教育政府間会議(Intergovernmental Conference on Environmental Education)におけるトビリシ宣言(Tbilisi Declaration)では、環境教育の目的の五つのカテゴリーとして、気づき(awareness)、知識(knowledge)、スキル(skills)、参加(participation)と並んで、態度(attitudes)を置き、これを「社会集団と個々人が、環境に関わる価値観や感情、環境の改善と保護に積極的に参加する動機を獲得することを助ける」こととしている。

6　環境省中央環境審議会「これからの環境教育・環境学習――持続可能な社会を目指して」(平成一一年)では、環境教育に必要な今日的視点として、1.総合的であること、2.目的を明確にすること、3.体験を重視すること、4.地域に根ざし、地域から広がるものであることの四つをあげている。

7　参照:立花隆『宇宙からの帰還』、中央公論社、一九八五年、三一頁。

2

触覚性環境

河本 英夫

環境を考えるさいに、いくつか基本となる構想がある。たとえばユクスキュルの『動物から見た世界』という構想では、ダニにはダニの世界があり、ハエにはハエの世界があることになる。ダニは、近くを通りかかる他の大型温血動物から発する酪酸の臭いを判別し、その動物に取りつき、腹いっぱい血液を吸い込むと、その動物から転げ落ちる。そして光の遮られた暗がりで大量に卵を産み、それで一生を終える。この行動をささえ、行動に必要な環境条件は、光の陰影を判別でき、動物の酪酸の臭いを感じ分けることである。またハエから見えている世界は、物の輪郭もはっきりとせず、白と黒と灰色のぼんやりした配置しか見えていないようなのである。個々の動物種は、それに固有の世界をもつ。この世界は通常「世界」という言葉で意味されている宇宙全体や対象全体のようなものではないので、「環境世界」と呼ばれることになった。環境世界は、眼前に広がる事物の総体ではなく、むしろ個体を取り巻いているようなものである。ここからハイデガーの人間の「世界内存在」まではわずか数歩である。

この議論を敷衍すると、人間には人間固有の環境があり、またそれしか知ることができないことを意味する。海を泳ぐ魚は四原色なので、三原色の人間とはまったく異なる鮮やかな世界が見えていることになる。実際四原色の海をコンピューター上で描いてみると、一面キラキラと輝いている。また人間の五感は、人類史の歴史的形成物でもあるので、環境の感じ取りも歴史的に変化してきた。約一〇万年ほど前に精密な道具が作られるようになり、まっすぐな棒やエッジの鋭い石が見つかっている。道具として活用可能な事物とそうでない物の区分が行われるようになっている。その段階で、人間に見えている環境は一変する。この段階以降、すべての環境は「人間化」されたものとなる。

また創発系システムでつねに語られる「増幅系」の問題がある。北京の蝶の羽ばたきが増幅されて、やがてフロリダでハリケーンになるというような話は、非線型関数（変数間の関係が一対一対応しない関数の総称）で理論的に計算すれば、ありうることである。そのことを標語風に「北京の蝶」と呼んでいる。個々の自然のプロセスは履歴をもち、個々のプロセスが次のプロセスに関与することがあり、それが増幅的に働けば、予想外の事態が起きるのである。自然界はなだらかに繋がっているようなものではなく、また経時的に一定の速度で変化していくようなものでもない。こうした事柄は、実は日常でもうっすらと感じ取られており、夏のごく局所的な豪雨や、いつまでたっても暖かい秋や、歴代最大のハリケーンのように兆候はいくらでも見つかる。そこから「カタストロフィー」(突然の崩壊)のような突然の事態を繰り返し心配する悲観が生まれたり、逆にそれでも大丈夫という楽観が生まれ、それらはいつも同居している。自然界に起きる変化の度合い(変化率)が大きくなっており、それが何に由来するのかはわからない。ただ極端な変化が起こりやすくなっていることは事実であろう。

もう一つ現実の環境イメージを形成するために必要だと思われるものがある。それは水が氷になっていくような臨界点の問題である。ここには事象の変化にかかわる典型的な仕組みが現れている。水の温度を少しずつ下げていくと、〇度を下回っても簡単には氷にはならない。その状態で小さな振動をあたえたり、水の中に木片を落としたりすると、一挙に表面が凍る。固体化するのは、物の表面からである。内部から凍ることはまずない。これは水の気化の場合も同じで、水の表面から水蒸気が立ち、その後、内部から気化し始めると、それは別の事態で「沸騰」と呼ばれる。変化は境界部分(界面)から出現する。ところでひとたび氷になったものを水に戻そうとすれば、〇度を超えてかなり温度を上げなければ液化しない。また氷が解け始めて、温度を〇度付近に維持すると、部分的に氷に戻ったり、またそれが溶けたりする。この混合状態では、複数の状態が混合しながら、自動的に変動が起きている。これらは科学的事実であり、かなり細部まで理論化されて、眼に浮かぶように描くことができる。ひとたび環境に大規模な変化が起きると、元に戻すことは容易ではなくなる。環境で「常態」と呼ばれているものは、複数の系の均衡状態である可能性が高い。つねに内部に流動状態があり、動的平衡状態でもある。この動的平衡状態は、一定の幅があり、その範囲を超えると、系はまったく別のものになってしまう。

1　体験的現実

ところで生命体には、それぞれ固有の環境があるという場合、たとえば魚にとって水は欠くことのできない環境である。だが魚から水はどのように見えているのだろう。自分を取り巻いている周囲のように見えているのだろうか。海水には潮の流れがあり、水温や水圧の変化があり、滋養物の濃度の変化や場所の移動がある。魚は潮の流れを察知して、泳ぎの向きや速度を変えているはずである。このときの環境は、眼前に広がるようなものではない。身体の動きに密接に連動しており、身体から感じ取られてはいるが、身体をすっぽりと包み、身体をそのなかに配置するような全体的な場所のようなものではないと思われる。実際にプールで泳ぐときに、手足を動かしながら、水の流れや反発力や粘性を感じ取りながら、前に進んでいく。こうした身体運動とともに感じられるのが、ここでの環境である。

身体の周囲を取り囲んでいるような環境は、実は視覚的なイメージから作られている。球形の場所をイメージして、そのなかに物を置き入れてみる。こうした環境イメージは、実は環境全体を外から捉え、そのもとで環境内の個体とその周囲の環境を捉え、それらの間の相互作用を捉えるような仕方である。こうした視点は、環境をうまく捉えているのだろうか。

環境という限り、少なくとも個体は環境の外にでることはできない。ところが「視点」という特権的なまなざしは、軽々と全体の外から物事を捉えることができるような仕組みを備えている。不思議なことだが、視覚は外から鳥瞰的に全体を見渡すような特質をもっている。はじめて訪問した町を知るためには、ともかくも何度も同じ場所も含めて歩いてみる。すると今自分がどこを歩いているのか配置できて、鳥瞰的な視線を獲得することができる。地図の上での配置ができるように、歩行している自分自身の位置をまるで見下ろすように配置することができる。これが科学的知見に不可分に含まれている視点である。

太陽系の惑星は、太陽の周りを回っているが、太陽の位置から惑星の運航を直接観察したことのある人は誰もいない。にもかかわらず視点の操作によって、まるで地球を太陽の周囲を回っているかのようにイメージすることはできる。この視点の移動には、任意性が付きまとう。太陽の位置に視点を移動させてみれば、惑星は太陽の周りを回っているようにしか記述できない。そうだとしたら地球に視点を移動させれば、地球の回りを太陽が回っていることになる。伝統的な「地球中心説」も同じ視点移動によって成立する。地球中心説を再度持ち出そうとしているのではない。視覚的な視点移動には、それぞれの視点でどこか過度に物事を確定し、わかりやすくしてしまう。つまり物事の一面を切り取りすぎているのである。ユクスキュルの「生物に固有の環境」という構想にも、どこか過度に明確になってしまっているところがある。

太陽中心説と地球中心説は、実は同じ権利で同じだけ正しい主張として成立する。宇宙のなかで静止しているものはなにもなく、静止とは視点として設定した拠点のことであり、二つの視点の間には、変換関係が成立する。これが「相対性理論」の帰結である。

ここで経験の仕方を変えてみる。視覚的な視点を括弧に入れて、可能な限り体験的現実に迫ってみるのである。そのためには触覚性の環境を前面に出していくことになる。身体とともに感じ取ることの延長上で、環境を捉えてみるのである。標語風に言えば、視覚的環境から触覚性環境への転換である。たとえば歩行するさいに、踵と床の間には空気がある。この空気は、青空までつながっている。足を引きずらず踵《かかと》を上げようとすれば、足と床の間に青空を感じ取ってみる。触覚性の感覚はイメージとともに経験を動かし、このイメージは身体の動きとともにある。身体動作と環境との関係には、多くのモードがある。

北京の空を曇らせてしまう汚染物質にＰＭ2.5という微粒子がある。この微粒子は眼には見えない。北京の大気を曇らせているのは、ＰＭ2.5ではなく、それよりも五倍程度も大きい粒子であることが分かっている。この微粒子を気づかないまま吸い込み、やがて気管肢や肺が蝕まれてしまう。ところで肺細胞の一歩手前は、身体の内なのだろうか外なのだろうか。肺細胞の一歩手前までは大気が入り込んでいるのだから、環境は身体の奥深く、入り組んだ形で身体に入り込み、身体を浸している。身体は無数に穴があき、多くのものが素通しになったスポンジ状の造形体である。透明なコップに水を入れてそれを隔てて世界を見ると、いくぶんぼんやりした情景が見える。水は光を素通しにしている。つまり水は穴だらけである。身体の七割は水である。身体を通して身体の向こうの世界を見ることはできないが、それは穴が屈折しかつ小さいからである。身体には無数に小さな穴が開いている。そのため大気汚染とは「身体汚染」のことである。シャワーを浴びたり、お風呂に浸かって身体をきれいにするように、大気の汚染物質を除去し、大気をきれいに保つことは、「公共的な身だしなみ」に近いことなのだ。

福島第一原発の事故後、都心で鳥の数が減ったと感じられる時期があった。さえずりが細く希薄な感じを受けた。第一原発の近くの帰宅困難地域を車で通ると、当然、居住者はいない。それ以上に、およそ生き物の気配がない。カエルやスズメの気配がない。カラスの気配さえない。これらは小さな指標だが、それでも常態とは異なるものが感じられる。現在汚染物質の「中間貯蔵施設」の名目で、汚染土壌がこうした帰宅困難地域に集められている。たとえ除染された土壌でも、やはり半減期は残る。徐々にしか減らないプロセスは続く。

人間の感覚には、ホモ・サピエンス特有の限界があるので、うまく感じ取れない領域があり、それはかなり広い。ただし自然界には、多くの指標と手掛かりがある。かつて地中の石炭を掘り起こした炭鉱労働者は、地中深く潜るさいに、鳥籠に入れたカナリヤを連れていた。一酸化炭素濃度が上昇するとカナリヤが鳴きはじめ、場合によっては死んでしまうこともある。それを危険性の指標として活用していたのである。ホモ・サピエンスは、見えないものに対しての多くの感度を捨ててきているのかもしれない。御嶽山《おんたけさん》の噴火で、戦後最大の犠牲者が出た。二〇一四年の夏の終わり頃である。五七人の死者と六名の行方不明者がでた。生存者の証言を追うと、奇妙な光景が浮かぶ。御嶽山の大噴火を、まるで映画の一コマのように、立ち止まって何人もの登山者が見ていたというのである。噴火後、周辺大気はただちに硫酸酸性の物質に満ちてしまう。それを吸い込めば心肺停止状態となる。そうした危険性を感じ取る感度が、現代人では鈍麻しているようなのである。

私は農家で育ったので、中学生の頃はよく農作業を行った。牛を飼っていた関係で、雪の積もった時期には牛のエサが不足した。それほど雪の多い地方ではなかったのでサイロのような準備はしていなかった。それでも一冬に何度か車を動かせないほど、農道に雪が積もった。そんなとき背負子を背負って、雪の下からカブを葉っぱごと引き抜いて牛舎まで運んだ。この作業を父と一緒に行うのである。雪のなかを歩いているとき、視界を隠すほどの雪がまた降ってきた。私はまた積もるのかと嘆いた。ところが父は、この雪は中国山脈の大山の麓から湧き上がっているので、まもなく止むと言った。そしてその通り激しかった雪が三〇分ほどで止んだ。持続的に降る雪は、山の頂上あたりから舞うように落ちてくるらしい。こういう情報は、天気予報にはない「生活の感度」とでも呼ぶべきものである。私に周辺には、こうした生活の感度を備えた人が、めっきりと減ってしまった。

2 農という経験

生態系維持にかかわるエコロジーの最大の推進力となるのは、農林業とエネルギー政策である。人間にとっての緑地の維持は、総体として見れば農林業でのバランスによっている。農は、光と水と大地の滋力を最大限に引き出す人間の最大の試みであり、また成果である。その意味で農は人間の成立と同じほど古い生活の試みであり、また人間そのものの形成と同じように、際限のない工夫の余地がある。人間の食べ物の八割は、そのままでは食糧になることは困難で、加工して食べている。食糧の範囲を広げることは、人間の特徴の一つである。また太陽エネルギーの活用でみれば、現状でも植物の葉緑素が最大のエネルギー変換効率を備えており、太陽光パネルのエネルギー変換効率は、いまだ葉緑素の一割程度である。そのためパナソニックや東芝のような企業の中央研究所が、エネルギー変換効率の高い素子の開発を行っている。いまのところ農が、もっとも有効に太陽エネルギーを活用している。再生エネルギーと呼ばれるもののなかで、地熱は地球の潜伏熱を活用し、潮力は月の引力を活用している。それ以外の再生エネルギーは、基本的には太陽光由来である。

農の一部で経済活動となったものが農業と呼ばれる。ほとんどの先進国で、補助金を付けなければ維持できないような経済活動になってしまっている。日本において、耕作放棄地の面積は、茨城県全面積に匹敵する。これだけ耕作放棄地があり、かつ食糧自給率は四〇%前後である。この数字はここ十五年変化していない。耕作放棄地がたとえば現状の三倍程度になったとすれば、日本は事実上「荒れ地大国」となる。

農の基本は、水と日照時間が確保できれば、残された課題は地力を最大限に引き出すことである。収益力を上げるために、無機肥料を大量に土地に投入し、病気に強い遺伝子組み換え品種を使い、飛行機で農薬を散布するのが、大規模農場の現実である。しかしこのやり方は、地力を最大限に高めるということになっているのだろうか。一般に有機農法と言えば、動物や人間の糞尿を肥料として活用する循環型農法と思われがちである。それによってコスト削減にもつながる。ところが動物の糞尿を活用すれば、そのまま有機農法というわけではないし、またそれによって地力が高まるということでもない。ドイツで有機農法が奨励されたのは、「粗放化」というかたちで農産物収量を圧縮し、コスト削減を行うということであった。

ドイツの有機農法のなかにもいろいろなタイプがあり、「シュタイナー農法」と呼ばれるものは、地力を高めていくような工夫に満ちている。ルドルフ・シュタイナーは、シュタイナー教育やシュタイナー体操のような冠付のキータームのかたちで現在も継承されており、工夫を継続できる技法を開発した人物である。

シュタイナーの構想の骨子は、自然界を、物質、エーテル、アストラル体の交叉として捉えることである。エーテルは、希薄化する気体であり、アストラル体は「世界霊」とでも呼ぶべきもので、動物と人間にしかなく、いっさいの意識的働きがなくても、おのずと足が前に出てくれるような場面で働いている。

物質的な作用では、双極性がある。つまり一つの物質は、他のなにかと「一つになるわけではないが、不可欠の対関係」を形成する。電気や磁力のように二つの相反的な極が拮抗する仕組みを到る所に見出すのである。このあたりは構想として、ゲーテ自然学やシェリング自然哲学の後継者でもある。この構想を少々詳細に検討してみる。

生命プロセスは、対立する二つの流れの合流点で生じるが、それらの流れにはそれぞれの担い手がある。シリカは宇宙からの栄養の流れがそれに乗って下りてくる乗り物であり、石灰岩は地上の流れが宇宙からの流れに出会うためにそれに乗って運ばれてくるエスカレーターである。たとえばカタツムリは非常に敏感なシリカ生物であり、そのようなものとして自分で石灰の家を建てる。他方、トクサは非常に強い石灰力があるので、バランスを取るためにシリカの覆いを作る。色と光はシリカと関係があり、運動と音はカルシウムと関係がある。シリカは宇宙がそれを通して地中に注ぎ込み、また吐き出していく、夏と冬の流れの触媒となる。他方、石灰は春・秋の作用の触媒となり、それを保持し、適切なときに本流に戻す。

形を作り上げる炭素は、これらの二つの極の間に活動場所をもち、それらのどちらにも依存している。動物では、骨格のカルシウムが必要な支えを提供し、シリカは主に外側にあって形を封じ込める手助けをする。ドイツの重粘土質土壌では小果樹の畝栽培が非常にうまく行っており、土壌が活性化されるだけではなく、土壌と水との関係も大幅に改善される。豊かな土壌においては、物質的なもの、エーテル的なもの、アストラル的なものすべてが、神経の張りつめた、調和の取れた状態で、植物になるのを待ち望んでいる。

農業用の土地については、シリカ(二酸化珪素)と石灰石(炭酸カルシウム)が対となる物質である。スギナはシリカを濃縮する植物であり、穀物のほとんどは外皮に高い割合でシリカを含んでいる。熱帯地方のチガヤ属のラングは、地力が不足すると広範に広がり、シリカを土地に濃縮する。石灰は大気中から水分を吸収して、炭酸カルシュウムを形成する。シリカ／石灰石が極性をもつ対である。さらにこれに付帯して、外惑星と内惑星という対概念の対応が組み込まれる。内惑星は植物の生殖過程に作用し、植物の成長と世代の継続にかかわる働きは、月、水星、金星からくる。外惑星は動物や人間に適した栄養の備給にかかわっており、食べ物に含まれる火星、木星、土星から来た力を活用する。それはシリカをつうじて食用植物に含まれる。

こうした構想でも、地力を高めることによって農業を有効に拡張することができる。全体的にはバランス重視で地力を高めるのである。ただし農業従事者にはこれでは構想が大きすぎる。理論構想は、発見的な隙間が含まれ、かつ応用の効く規模のものが望ましい。

日本にも、地力を高めるような農法の工夫はいくつもある。無肥料、無農薬のリンゴ栽培を行った木村秋則氏(青森)の試みである。「奇跡のリンゴ」として有名になり、映画にもなった。奥さんが農薬アレルギーがあり、やむない選択であったようである。土壌改良が基本で、雑草を大量にはやし、大豆を植えて、土の湿度と窒素成分の回復を行う。木村さんが着想をえたのは、山の中のドングリがふっくらと大きな実を付けていることを不思議に思い、下の土が柔らかく十分な水分と空気に満ちていることを見出したことによるらしい。

このタイプの工夫を行う人は、見えているものが違う。ダイコンやニンジンは、太陽に向いた側が大きくなり、反対側が寄せ細るように思える。ところがダイコンもニンジンも円柱状にまるまるとしている。そこで調べてみるとダイコンもニンジンも地中で回転運動を行い、太陽に当たる側を変えているらしいのである。またキュウリはツルを出して、周囲の物に巻きつき、キュウリの身体の支えをつくっていく。このツルの前に指を出すと、指にも巻きついてくる。ところが誰の指でも同じように巻きつくわけではないようである。巻き付いたまま離さない指もあれば、巻き付いてもほどいてしまう指もあり、また巻き付こうともしない指もあるようである。キュウリも指をかなり細かく識別しているようである。こうした感度で環境や生き物を理解するためには、言葉から学ぶ学習とは異なる経験が必要となる。身体とともに感じ取る経験の形成が必要である。

ドイツや日本の農業で、ここ数年の傾向として、農業とエネルギー生産を組み合わせる兼業システムが形成されてきている。ドイツは現在では再生エネルギー先進国だが、二〇〇〇年前後まではＥＵ内でも後進国であった。ところが再生エネルギーの買い取り制度を導入して以降、農業の改革とエネルギー生産を組み合わせた仕組みが急速かつ多様に進んだ。事例から入る。

レールモーザー家(オーバーヴェルダッハ)のバイオガス発電事業。この農家は、もともと酪農家で、農業用地は七二ヘクタール(ha)で、耕地四八ヘクタール、草地二四ヘクタール、林地二九ヘクタールを所有している。

ＥＵの直接支払（所得補償支払い）は、一ヘクタールあたり約二九〇ユーロであり、バイオガス発電で農業収入を補っている。栽培作物は、トウモロコシ三〇ヘクタール、小麦七ヘクタール、冬麦四ヘクタール、トリティカーレ（小麦とライ麦）四ヘクタールである。畜産は搾乳牛七〇頭、肥育用子牛七〇頭で、年間牛乳販売額が二二〇〇万円程度となる。隣家と共同で地下埋設型メタン発酵槽二基、ガス貯蓄槽、コジェネレーターを設置している。

初期設置費用は約八〇〇〇万円程度である。糞尿を牛舎からポンプで自動的に運び、サイレージ（青刈り作物や生の牧草をサイロ内で発酵させて貯蔵した飼料）や穀物を足し合わせて、メタン発生を行わせる。天然ガスを生産することと同じである。ここに未熟ライ麦が活用される。未熟ライ麦は、従来草地であったところに、ライ麦を植えて作る。発酵後の消化液は、肥料として農地に回され、メタンガスで発電した電力は、地元電力会社であるエーオン社に売却する。電力年間売り上げは、約三〇〇〇万円である。コジェネレーターでの余熱は、畜舎や家屋の暖房用に使われる。農業所得のうち、発電で得られるのは、三五％にのぼり、エネルギー兼業農家となっている。

これは典型的な事例だが、再生エネルギー比率を高めることと、農業を事業として展開するための活用可能なモデルでもある。個々の条件に合わせてやり方はいくつもあるが、農業の維持が生態系の維持の要であり、またそれが再生エネルギーの小さな工夫でもあれば、こうした事例はパラダイム的な先行事例になりうるのである。

参考文献

木村秋則『リンゴが教えてくれたこと』、日経プレミア、二〇〇九
ジョン・ソーバー『シュタイナーの農業講座を読む』、塚田幸三訳、ホメオパシー出版、二〇一〇
村田武『ドイツ農業とエネルギー転換』、筑波書房、二〇一三

3

食料自給率

山田 利明

1

食料自給率が五〇%を割っている、といわれて久しい。この自給率の計算法には、いろいろな要素が関係しているので、いくつかの計算方式がある。一番単純な方法は、国内生産量を総消費量で割ればよいということになるが、これだと例えば食肉の生産、牛乳の生産に関して国内産の飼料だけを使って飼育していれば問題はないが、飼料を輸入している場合は、当然計算法が異なる。しかも飼料の場合は、人の食用に適さないものもあるから、全てこれを輸入食料に加えられない。そこで考え出されたのがカロリーベースの自給率である。これは、一日一人当たりの総供給カロリーで、国内生産食糧による一人一日分の供給カロリーを割る、という方法である。しかしこれだと、食料そのものの比率ではなく摂取カロリーの割合の比較になり、カロリーの低い野菜などとカロリーの高い肉類などでは、かなりの差異が出そうである。

もう一つの方式は金額による比較である。国内生産額を国内の総消費額で割る方法。もちろん食料はその時期等で金額に差がある。世界中同一価格ではない。単に金額だけの比較ではやはり誤差が大きい。農水省は、しかしこの二つを基準にして自給率を公表している。昨年発表された平成二五年度の自給率(昨年度のものは未だ公表されていない)は、カロリーベースで三九%、生産額ベースでは六五%となっている。カロリーでは三九%しか自給できていないのに、金額では六五%が国内産の価格となっているのは、国内産食料が輸入食料に比べてかなりの高額であることを示している。安心・安全という値段である。これをどう解釈するかは、人によって異なる。食料の安全性という側面からみれば、少し位の負担はやむを得ないとするか、あるいは多少のリスクを犯しても食料価格の低廉化を図るべきという問題になる。

食料自給の総体については、すでに記したような情況にある。それを個別の品目についてみると以下のようになる（平成二五年度・農水省）。

自給カロリーベース

米＝九七％　畜産物＝一六％（輸入飼料によるもの＝四九％）　小麦＝一二％　魚介類＝六四％　野菜＝七六％　大豆＝二三％　果実＝三四％　油脂類＝三％　その他＝二四％

生産額（生産価格）ベース

米＝九九％　畜産物＝五七％（輸入飼料によるもの＝一六％）　魚介類＝五〇％　野菜＝七四％　小麦＝一二％　大豆＝三九％　果実＝六五％　油脂類＝三四％　その他＝七七％

これは二五年度の日本人の一人あたり一日の総供給カロリー二四二四カロリーのうち、国内生産供給カロリー九三九カロリー。そのうちの米による摂取カロリーは五五五カロリー、この米の九七％が国内生産による。自給額でいえば、国内の食料消費総額は一五兆一二〇〇億円。そのうちの国内生産額は九兆八五六七億円である。米の場合は総額一兆九二二三億円。自給率はほぼ一〇〇％である。

この二種の自給率を見てみると、例えば畜産物の場合、カロリーで見れば国内産飼料で生産したものは一六％しかない。ところが外国産飼料で育てたものはほぼ五〇％に達する。しかし、外国産飼料の代価は一六％しかない。つまりかなり安価な飼料代になっている。野菜のカロリー比でいえば国内産七六％、国内産野菜の総額も七四％。生鮮野菜は平衡している。いざとなれば、野菜の煮付に漬物、二日か三日ごとに魚を食べてご飯を食べていれば何とかなるということになる。米を原料とする日本酒は問題ないがビールは十日に一度、豆腐・

油揚・納豆という庶民の食べ物が不足することになる。醤油・味噌も節約。枝豆でビールというのも高嶺の花ということになる。

カロリーベースが五〇%を切るのは、昭和六二年。生産額では八一%もあった。昭和四〇年代の初期には、カロリーベース六五%前後、生産額では九〇%ほどあった。これは低カロリー食の和食が主流であったということか。

ここに非常に貴重な調査データがある。それは京都市が五年に一度行う生ゴミの調査結果である。最新の調査報告は平成二二年に行われたもので、いわゆる生ゴミ(厨芥類と称する)は三種に分類されていて、「調理くず」とは調理の際に出る食品のくず。野菜や果物の皮、切りくず・魚の骨・貝殻・卵殻などをいう。「食べ残し」とは、米麦飯や麺類・野菜・果物・肉類・魚類・菓子等の手をつけていないものを含む。「その他」とは、茶殻・コーヒー殻など通常では食べられない(食べない)ものを指す。それで、ゴミ全体の四一・五%が生ゴミ。その生ゴミの三八%が「食べ残し」という結果になった。この「食べ残し」の中で全く手つかずの状態で捨てられていたものは、パン類・菓子類・調味料が多く、肉類・魚介類やその加工品も多く見られるという。しかもそれらの賞味期限表示のあるものを見ると、期限前のものが二五%、期限後一週間以内のものが約二〇%。捨てられた食品のほぼ半分が吃食可能であったということになる。

京都市の調査は、さらに念を入れて、ゴミとなった食べ残し・手つかず食品の金額を一世帯あたり年間五万九九二八円と計算している。そしてさらに、これらの廃棄食品の処理に一トン当たり五万九三五五円かかるとしている。つまり一世帯当たりの可燃ゴミは年間ほぼ五〇〇キログラムなので、一トンというと二世帯分の可燃ゴミ。この運搬・収集の費用がほぼ三万円、焼却費用が二万円、他に残灰の処理がある。処理量が二世帯分だからこれらの半分、つまり三万〜二万五〇〇〇円が一世帯分になる。

京都大学名誉教授の高月紘氏の調査データによれば、残飯による食生活の損失は年間で一一兆一千億円という（http://sukkiri-kyoto.com/gomidata/）。これは平成二五年の国内生産額九兆八千億を二兆円余り上回る。つまり国内生産額は全く無いのも同然、しかも二兆円ほどの借金である。

おそらく大都市圏、特に東京・大阪などのファースト・フード店やコンビニエンス・ストアの廃棄食品を加えれば、厖大な量の可食食品が廃棄されているとみなければならない。これを半分に減らすだけで、自給率自体はかなり上がるはずである。

2

そもそもなぜ自給率を高める必要があるのか、という質問をうける。二次産品・三次産品のボーダレス化が図られる中で、一次産品の農産水産物などの食料品については、どの国も保護貿易を崩そうとしない。

三年前、世界の穀物相場が急激に上がった。これは、アメリカの輸出用穀物が値上がりしたためであるが、その原因は、トウモロコシなどの穀物がバイオエタノールの原料として用いられるようになって、輸出量が急減したからである。これもバイオマスの一種で、カーボンフリーに分類される。いままで食料・飼料専用だった穀物が、燃料に回されれば、必然的に食料は減少する。また地球の温暖化によって耕作適地が砂漠化していることも、食料不足の一因となっている。さらに人口の増加によって食料は不足するとも伝えられており、いずれ淡水の不足も露《あら》わになってくる。そうなると、国家は国民のために最低限の食料を確保する義務がある。

日本にはこれ以外にもいくつかの事情が存在する。一つは農業の衰退である。もう一つは、耕地面積の減少。

農業を継ぐ人達が減り、耕作放棄地が増え、それが工場等に変わっている。しかしこれは大規模農場へ変換し得るチャンスかもしれない。従来、日本の農地は農家一軒当たりの所有面積が小さく、所有者によって細分化されていて、機械化・大規模化が不可能であった。近隣の、あるいは隣接の耕作放棄地を合併することで、これが可能になる。あるいは農産工場化することで、生産量を確保することができる。それでも質の高い農産品を作ろうとすれば、手間はかかる。

食料の供給は、国家の基本的な義務である。第二次大戦末期、ドイツでも日本でもこれが相当の問題となった。穀類と塩の供給の目途が立たなくなった時点で日本は敗れた。ドイツではドングリまで食べた。ドイツはともあれ、日本軍は多くの戦場で餓死者を出した。近代の軍隊では他に例を見ない。負けるべくして負けたとしか云いようがない。

自給率の問題は、国家存亡の根本的な問題と直結するのである。おそらく食料戦略は、二一世紀後半の最重要課題となろう。二〇一〇年の国連推計によれば、世界の総人口は六九億人といわれる。今世紀中には一〇〇億人に達すると予想されているが、そうなると現在より三〇億人もの人口増である。しかしその一方で人口減少の続く日本はどうなるのか。豊かな耕地をもちながら、人口が減少していけば、当然ながら他国からの干渉を受けることになろう。その時は、一大農業国となって国際的な発言力を高める道もある。現在のように、金だけ出してあまり感謝されない国よりも、よほどまともな国になると思うのだが……。

いまの国内産米がきわめて高い品質をもち、安全性からも評価を得ていることは、広く知られている。しかしそれは日本人の食味にあった品質であって、国際的な市場の中でどう評価されるかは、今後の問題であろう。ただ日本のように白飯として炊き、副食物と共に吃食する習慣をもつ中国では、日本同様の高い評価をうけている。ところがジャポニカ種を好む地域は限られていて、世界的には日本・朝鮮半島から中国にかけて生産されている。これに対していわゆるインディカ種は、インドから東南アジア一帯で作られる長粒種で、これは世界市場のほぼ八〇％を占める。他にジャバニカ種があり、ジャバ（インドネシア）産の中粒種。ジャポニカは粘りが強く短粒で、炊くという調理法によるが、インディカ種は粘りがなくパサパサの状態に仕上がる。したがって白飯としてではなく、欧米では料理材料として使われることも多い。市場性からいえば、インディカ種が有利である。

もし、日本の米作技術でこのインディカ種を量産して輸出するという事態になれば、よほど生産管理を厳しくしないと、自然交配が起こって、ジャポニカとインディカの中間種が出来る。

いずれにしても、将来の日本の食料生産と世界の食料事情を見すえた長期計画を立てておかないと、第二次大戦時のような食料統制の可能性さえ考えられる。いや、必要量と供給量との間にアンバランスが生ずれば、必ずそうなる。

ただ、米ばかりを食べるわけにはいかない。副食物、特にタンパク質を補う食品、魚肉・獣肉類・鶏卵類も確保する必要がある。植物性タンパクといえば大豆になるが、これの自給率が現在でも意外に低い。かつては、水田のあぜ沿いに大豆の苗を植えて自家用の味噌を作ったが、今ではそんな手間をかけるような農家はいない。

昭和三〇年代の初期、東北本線に乗って北上し、荒川鉄橋を渡り埼玉に入ると、浦和・大宮を過ぎる頃から一面の水田が広がっていた。夏にはどこまでも緑の絨緞《じゅうたん》が続き、秋には文字通り黄金の波がさざめいていたのを思い出す。この関東平野に広がる水田が、夜の東京の気温を下げていたのである。当時はよほど大きなデパートか一流の飲食店でなければ、エアコンなど無かった。しかし庶民の家には網戸があり、これを使っていれば少し肌寒いような夜もあった。涼しかったのは、水田の作用だけではなかったであろうが、あの頃車窓から見たどこまでも続く水田の風景は、もう見られない。

話があちらこちらに散らばるが、都内にはまだ立派な水田があった。葛飾の四ツ木田んぼ、江戸川区の小岩田んぼ。小岩田んぼの真中を京成電車が走っていた。真夏の開け放たれた車窓から吹き込む涼風の感触を今でも覚えている。柴又帝釈天、あの門前街の裏側にも、かなりの水田があった。こういうグチとも懐旧談ともつかないことを書くようになると、決まって「昔はよかった」と云って若い人に笑われる。しかし、昔は良かったで済めばよいが、食べ物が無くなって、かつての飽食の時代を思いながら「昔は良かった」と云うのでは、意味が違ってくる。

私の幼児期の昭和二〇年代後半は、まだ戦前の生活と同じレベルで、行事も習慣も食べ物も戦前と同じような状況にあった。例えば、母は必ず一日一回は食事のために近所の商店街に買い物に出かけ、残り物は蠅帳（風通しをよくし、また蠅などが入らないように金網を張った、食品を入れておく小さな戸棚）に入れて次の食事の時に食べた。こういう生活をしていれば、必要なものを必要な量だけ買い、残り物・食べ残しはそうそう出ない。もっとも、これは主婦が家にいたから出来たことで、仕事をもつようになった現在では難しい。生活形態が変わってしまった以上、単純な比較は出来ない。実は近所のスーパーマーケットでは閉店時間近くに、惣菜や賞味期限切れ間近の食品を、半値近くの価格で売り始める。これはおそらくどこの店でも行っていることであろうが、この時間を狙ってかなりの人が集まる。廃棄するよりはよほど良いが、中にはカートに山のように買っていく人がいる。よほどの大家族でもない限り、このうちの何割かは結局捨てられるのかと思う。どうも現代社会は、不要なものを捨てるシステムの上に成り立っているのではないか。そうであれば、不要なものを出さないシステムを考えなければならない。それは例えば、不要なものを出しても、それが有効利用できるものであればよい。リサイクルというシステムはこれであるが、リサイクルする際にエネルギーを消費する。それではあまり意味がない。

食料の自給から広がった話になってしまったが、要は余分に買わない。買った食品は食べる、という基本的な作法を身につけることであり、もっと云えば余分に食べないということも考えるべきであろう。

4

レジリエントな自然共生社会に向けた生態系の活用

武内 和彦

1　グローバルな災害復興の視点

二〇一五年三月、仙台市において第三回国連防災世界会議が開催された。会議初日の十四日午後には、国連大学と環境省が共催して、「防災・減災・復興への生態系の活用」と題するパブリック・フォーラム公式サイドイベントが開催された。私は、このフォーラムにおいて、このエッセイと同じ題目で講演を行った。本稿は、その講演内容をもとにとりまとめたものである。

私が最初に主張したことは、災害被災地復興にグローバルな視点をもつことの重要性である。よく東日本大震災は千年に一度の大災害と言われるが、それは日本に限ってのことである。最近でも、二〇〇四年に発生したスマトラ沖大地震は、死者二十二万人を超える大災害をもたらしている。

そもそも、太平洋周縁地域は、地震や火山活動が活発な環太平洋火山帯（リング・オブ・ファイアーと称される）に位置している。もともと自然災害の多発するこうした地域での自然災害に関連する情報交流の促進は、それぞれの地域の復興支援にも貢献すると考えられる。その意味で、海外の情報を日本に、逆に日本の情報を海外に伝え、国際連携を深めていくことが重要である。

国連大学のインドネシア、スリランカ出身の研究者は、スマトラ沖大地震の直後に被災地を訪れ、専門的立場で分析を行った。その結果、自然地形や人工物の構造が津波被害に大きな差異をもたらしたこと、津波に対する認識不足が膨大な死者数につながったことなどが分かった。こうした結果に基づいて、津波発生時の避難路やシェルターとなる建物の配置が検討され、早期警報体制の整備や防災教育の推進をはじめ、レジリエントな地域社会の構築が大きな課題であることが示された。

2　自然災害と自然共生社会

リング・オブ・ファイアーは、豊かな自然を私たちに提供している。風光明媚な火山地形も、温泉に恵まれているのも自然の恩恵である。しかし、その一方で、地震・津波や火山噴火などの自然災害が突如として起こり、人びとの命と暮らしに大きな被害をもたらすのである。

私たちは自然の恵みと脅威の両面と向きあっている、という認識をもつことが重要である。東日本大震災後に改定された日本の「生物多様性国家戦略二〇一二–二〇二〇」では、そのような自然に畏敬の念をもちつつ、人間と自然の関係を再構築することが、これからの自然共生社会のあり方だとしている。

東日本大震災後に、レジリエンスという言葉が広く用いられるようになった。レジリエンスとは、外部ショックを緩和し、本来の機能を維持する能力のことである。自然災害を工学的な技術のみで防ぐことには限界があるという認識も広がってきた。生態系を活かした防災・減災（Ecosystem-based Disaster Risk Reduction: Eco-DRR）の考え方に基づき、さまざまな自然災害を柔軟に受けとめるレジリエントな自然共生社会の構築を目指すことが重要である。

その際、地震・火山活動などの短期的災害と、気候・生態系変動などの長期的災害を視野に入れ、その両方に対して地域社会が賢く適応できるような仕組みづくりが必要である。とくに沿岸部の低地帯は、津波などの被害を受けやすいことに加え、気候変動による海面上昇の影響を受けやすい場所である。こうした低地帯では、とくに生態系を活かした防災・減災が効果的である。

アメリカ合衆国のルイジアナ南部では、大規模な湿地の自然再生により、防災・減災機能の向上を図っている。これは、経済的な観点からも最も効果的な手法であると言われている。同時に、こうした自然再生により、地域に新しい価値が生みだされていることにも注目する必要がある。また、日本では、人口減少により都市や農村のコンパクト化が求められている。災害に対して脆弱な低地帯での自然再生は、こうした課題に対する対応策としても有効であろう。

3　レジリエントな自然共生社会の構築

レジリエントな自然共生社会の構築を実践するための取り組みが東北の被災地で始まっている。その一例が、二〇一三年五月に創設された三陸復興国立公園の整備と、それに関連したグリーン復興プロジェクトである。この国立公園は、自然の脅威と恵みに立脚し、人と自然の密接な関わりを大きなテーマとしている。またグリーン復興プロジェクトには、里山・里海フィールドミュージアムや総延長約七〇〇キロメートルに及ぶ「みちのく潮風トレイル」も含まれている。

この国立公園では、日常的には自然の恵みを満喫し、災害時には自然の脅威から身を守ることのできる取り組みも始まっている。

例えば、宮城県の気仙沼大島は、この国立公園の一部であり、東日本大震災以前から多くの観光客が訪れ、自然散策、海水浴、漁業体験などの自然体験が行われていた重要な観光拠点である。この島内の田中浜では、地域住民との話し合いの結果、巨大防潮堤の建設を取りやめ、震災以前から存在していた三・九メートルの防潮堤を再建し、その陸側の被災農地等を地元行政機関が買い上げ、そこに盛り土により植生基盤を造成して海岸防災林を整備することが決められた。

また国立公園を管理する環境省は、田中浜の自然体験プログラムを推進するための拠点施設を砂浜付近で復旧するとともに、津波発生時には早急に避難できる高台への避難路を整備することで、災害リスクの軽減を図った。この避難路は、日常的には高台にある休暇村などへの通り道として活用されている。こうした計画により、津波により被災した地域の復興に際しても、良好な海岸の景観や自然環境が維持され、国立公園が提供するさまざまな生態系サービスを活かした自然体験プログラムを軸としたツーリズムを継続することができるようになった。

もう一つの例は、宮城県亘理町《わたりちょう》におけるグリーンベルトプロジェクトである。亘理町では、東日本大震災により海岸林一二〇ヘクタールのうち、七十七ヘクタールが流出し、家屋にも大きな被害があった。ここでは、復興に向け、住民参加により、地域のレジリエンス強化と防災・減災を目指して沿岸の再植林を進めている。ここでの取り組みの特徴は、地域産の樹種選定、育成、植林を行っていること、また幅約二〇〇メートルのグリーンベルトでマツ林の背後に広葉樹を再生していること、外来種の駆除を行っていることなど、生物多様性に配慮した手法がとられていることである。

4　極端気象の増加に対応するレジリエンス強化策

短期的・長期的な自然災害の増加が顕在化しつつある。とくに、近年は極端気象と呼ばれる干ばつや洪水などが多発するようになっている。こうした事態に対処するには、広域的な早期警報体制の整備や、長期の変動をモニタリングする体制の構築が必要である。また、ローカルなレベルでは、短期的な自然災害に対するリスク管理や、長期的な順応的管理システムの構築が重要である。

ローカルなレベルでは、住民参加による、生態系を活用したレジリエンスの強化策が求められる。例えば、サイクロンの被害を受けたミャンマーのアエヤルワディーでは、村の周辺のマングローブ林を再生するとともに、風や塩水に強い作物品種の選抜を行い、地域の伝統的なホームガーデンを活用しながら、地域コミュニティのレジリエンス強化プロジェクトを実施している。防災・減災とともに、生態系サービスを活かして生計の向上も図ろうとしているのである。

日本を含むアジア太平洋地域は、世界で最も自然災害とその被害が甚大である。そのため、この地域における防災・減災対策は急務の課題である。生態系を活用した防災・減災（Eco-DRR）は、長期的に見て経済的で持続可能な対策であるとともに、災害時の防災・減災とともに、平時に多様な生態系サービスを享受できるというメリットがある。私たちは、アジア太平洋地域の国々と連携しながら、こうした考え方を実践に結びつけていくく必要がある。

II

一歩後退二歩前進

5

非合理の合理性

住明正

1　はじめに

筆者は、今まで物理学徒としてサイエンスの原則に従って活動してきた。つまり、自然界の万物は法則性の下に動いており、その法則を理解することにより、その振る舞いの全様を理解できるはずという方法論によって考えてきたということである。しかしながら、一方、心の中では、そのような価値観で対処できる現象は限定的であるという感覚を禁じ得なかった。実際、日々の社会生活の中では、人間は（自分は）結構、適当に対処しながら生きているという感じを持っている。長く人生を送ってみると、ますます、物理の原則で理解できない現象が多いという印象が強くなった。

自然科学的な手法で対応できないものに人間および人間社会があることは自明である。そこで、正しい対象を正しい手法で取り扱うことが必要になる。ここでは、駒場時代に京極先生の政治学で教えられた説を紹介したい。対象は、人と「モノ」の二つに分かれ、扱う手法も「人を扱う手法」と「モノを扱う手法」の二つに分けられる。そうすると、人を対象とし、人を扱う手法であつかうこと、「モノ」を対象とし「モノを扱う手法」であつかうことは妥当であるが、それがずれてくると問題を起こすことになる（表1）。

ここでは、対象をよく知り、それにふさわしい方法論を採用することが強調されている（授業では、「人間の判断なんて完全ではないんだよ」という冷ややかな雰囲気があったが）。したがっ

対象＼手法	人	モノ
人	政治	機械論
モノ	物神化	科学

表1

て、人間の振る舞いが科学的な方法論で理解できないことは明らかであるし(心の中で我々はそうであることを願っている)、そのことが問題であるわけではない。ただ、従来の人間的なものと、自然のものの世界が分かれていた時代は過去のものとなり、両者が混在している問題が増えたときにどうするかが最近の問題の特徴であろう。

2　地球温暖化問題に向けて

地球温暖化、あるいは、温室効果というのは、気候システムに関する純粋に物理的な問題であり、自然科学的な手法で扱うことは妥当であるし、事実、そのように研究が行われてきた。一方、地球温暖化問題とは、地球温暖化という自然現象が引き起こす人間社会に関する問題のことである。そこでは、対象が人間社会であるので、政治という手法が採用されるが、科学的な知見と関連しているために、科学との関連が取り上げられてきたのである。最近の温室効果気体の増加と、影響の顕在化に伴い、温室効果気体の増加に伴う地球温暖化に対する対策は、いよいよ、現実的な課題として国際舞台に登場しており、二〇一五年のCOP21において、二〇二〇年以降の新しい枠組みに世界が合意できるのか、否か、が世間の注目を集めている。

地球温暖化の兆候が見られるということは、多くの人が理解している。少なくとも、「最近の気候はおかしい」と感じている人は多い。そして、なんらかの具体的な対応策をとることについては、総論賛成である。しかし、具体的に何をするのか、その費用は誰が負担するのか、などの現実的な施策となると、意見がなかなかとまとまらない。それは、地球温暖化対策だけの固有の問題ではない。原子力発電の問題や介護の問題など現在我々が抱えている問題のほとんどは、合意をとるのが大変である問題となっている。さらに、現在は、社会的な格差が大きな問題とされている。現在における衡平の問題ですら解くのが難しいのに、時間を超えた世代間の衡平の問題は、さらに具体的な施策を考えることが困難となっている。

科学的知識がすすめば、政治的な決断が容易に合意される、言い換えれば、現在なかなかと合意ができていないのは、科学的知見が不足しているからだ、という思い込みが存在するが、現実は、それほど簡単なことではない。政治的な問題には、二つの問題があるという（Pielke, 2007）。すなわち、トルネード（竜巻）問題と人工中絶問題の二つである。竜巻に関しては、すべての人が、竜巻に襲われれば被害が甚大であること、被害を防ぐには逃げるしかないことを知っている。このような問題の特徴は、その現象のもたらす影響が誰にでもおよび、また適応策も明白ということである。したがって、現在、竜巻がどこにあり、今後、どこに向かうかという信頼できる科学的情報が与えられれば、行動（避難）の合意をとることにおいて困難は感じない。一方、人工中絶問題は、問題自身として価値判断を含んでおり、如何に妊娠出産に関する医学的・生理学的な知見が完全となり、母体に影響を与えない安全な中絶手術が可能となったとしても、出発点として「中絶は行うべきか、否か」という倫理的・宗教的なところに問題の端諸があるために、社会的な合意を得ることは難しいことになる。

他の研究によると、多くの人が自説を主張するときには、「自分が科学的ではない」とは思っていない（Kahn et al., 2011）。実際は、自分の今まで持っている主張に都合のいい科学的事実を選択的に取り込んでいるのである。したがって、科学的な知見が増えるごとに、それぞれの主張に対する確信は深まってゆくことになる。

このように、人間の内面、価値観、心の領域に問題の根拠があるとすると、社会的な合意を形成することは、なかなかと困難なことになる。それぞれの人の状況が異なるからである。このような中で、地球温暖化に伴う気候変動は、重要な課題ではあるが、唯一の課題ではない。少子高齢化の問題、介護や医療など社会保障の問題、失業や格差などの経済の問題などが我々を取り巻いている。このような問題を論ずると、ともすれば、「何々すべきである」という「べき論」になりがちである。理念の旗を掲げる必要はあるが、現実を無視するのも生産的ではない。「人はパンのみに生きるに非ず」とは言うが、「先立つものは金」でもある。そこでは、人というものの特性の第一近似として、「人は適当に自己都合的に考えて生きている」ということから出発すべきである。そして、経済の問題は、ボディーブローのように効いてくることを忘れてはならない。しかしながら、このような適当な人たちが、時には、歴史に残るあっと驚くことをするから面白いのである。

複数の正義が存在する。グローバル化の進行する中で、複数の価値観に基づく意思決定をどう調整するか？が大きな問題となっている。「調整する」のであるから、両者に共通するものがなければならない。言葉が通じない、文化が異なる者の間でも、物物交換が成立してきたのは、物の持つ意味合いが両者に理解可能であったからであろう（かならずしも同じというわけではない）。その交換過程を大きくしたものとして、価格による市場というプロセスがあろう。そこでは、唯一、「利益・欲望」というものが、異なる人を結びつけるものとして想定されている。現在では、「市場プロセスが万能ではない」ということは広く知られている。しかし、身分も門閥も関係なく「金だけがすべて」という社会は、きわめて革命的で、個人がそれぞれに自立して活動している理想的な社会の疎外態としては、合理的な存在であったことは否定できない。

3　合理的とは何か

それでは、市場メカニズムが、唯一「合理的な」決定手法か？

そもそも、合理性とはなんであろうか？　なぜ、合理的であることが必要なのであろうか？　合理性についての考え方の中には、「理にかなうことが良いのだ」という価値観に基づくものがある。一方、技術的に、再現可能性などの手続きに関して定義をする人もいる。筆者は、合理的とは、現在存在している情報の中から、論理的に整合性のある手段によって問題に適したような情報を手にすることである、と考えている。したがって、そのプロセスは、第三者が追試できることが重要であるし検証できることが重要である。例えば、さまざまな変数の関係が行列であらわされているとする。一般に、非対角成分が多く存在するとさまざまな変数が相互作用している状況を表し複雑な世界を表していると考えられる。ところが、線形変換を繰り返して、行列を対角化してゆけば（できれば）、一見複雑な現象でも、その中の新しい構造を見出すことができる。その手続きは、何も新しい価値を生み出さないように思われるが、実際には、我々が知らない情報を生み出してくれる。科学の中でも、実験や観測は新しい発見・知見をもたらすといわれる。しかし、現存する大量のデータを用いた解析作業でも、新しいものの見方が示されるし、新しい知見の発見がある。原理的には、それは最初から存在したものであるが、解析の過程で我々が新しく認識した情報である。したがって、最初から情報が埋め込まれているがゆえに、言われてみるとなんとなくそんな気が昔からしていた、という印象が生まれてくることがある。社会に関する新しい解析結果をデータに基づき発表すると「そんなことは始めからわかっていた」というような批判を受けることになる（本当は、認識していなかったのであるが、その発表を聞くと自然に昔から知っていたような気になるのである）。それでは、データにも基づかず思い込みで伝えると、それは、「天才か狂気」ということになる。

このような中で、新しい情報、価値を提出しているのが将来の状態に対する予測である。この予測にしても、現在の状況に基づく推論である。線形の世界以外では、正しい将来の予測は存在せず、存在するのは、より精度の良い予測か、精度の悪い予測である。したがって、予測の場合には、その手続き（数値モデルによるものなら、そのアルゴリズム）の公開と検証により正当性を担保しようとしている。現状のまま事態が続くという将来予測は、予測の一つであり、悪い予測ではない。ただ、精度が悪いだけである。それに対して、ここでも「神がかり」という方法が存在する。これは、それを発する人の存在と人格に担保を求めている。そこには、「信じるか、否か」しかない。

それでは、日々変化してゆく現実に対して、どのように対応してゆくか？　ここで、時間スケールの問題が出てくる。判断するのが、寿命が百年を超えない個人なので、考えている時間スケールは自分の身体性を超えない場合が多い。つまり、自分が生きている間、あるいは、自分の分身であると錯覚できる子・孫の時代までである。ゆえに、「歴史に問う」と言って決断を鼓舞しなければならないのである。

多くの判断は、結果を知っていれば容易にできるものである。悩むのは、結果がわからないからである（結果がわからないから絶望しなくて済む、という側面もあるが）。結局、将来に対して何らかの予見をもって対処してゆくしか方法はないであろう。「なんとなく現状が続く」という判断は、その任に堪えられない人にとっては最適と考えることもできよう。ただ、その結果として被害が周りに及ぶことを覚悟しなければならないが。

現在では、基本的な判断の原理は、「目先の個人の利益」であるということから出発すべきであろう（残念ではあるが）。すべての人が主権者として意思決定に参加するという「民主的な手続き」の下では、それぞれの人の判断に基づいての意思決定を尊重せざるを得ないのである。そうすると、一部の人の「直観」というもので世の中を動かすことは無理で、具体的な事実、状況に基づき、情報宣伝活動などを通して多数派を形成せざるをえない。そうすると、現実の変化に対して適格に対応してゆくためには、結局、予兆、あるいは、出来事に対してその都度適応してゆく手法をとるのが現実的であろう。

現在、地球温暖化の影響に対する適応策が議論されている。地球温暖化に伴う影響に関しては、さまざま影響が提起されているが不確実性も大きい。資金に限りがある今、見当はずれのところに投資しても意味はない。そのプロセスを合理的にするとすれば、さまざまな研究により提起されている影響の中で、現実に起きた事実として妥当とされるものの対策を優先する、という判断になる。例えば、地球温暖化の進展に伴い雨量の強度が増すという予想がある。一方、最近の観測事実では、ゲリラ豪雨とも呼ばれる短時間雨量の増大とそれに伴う災害が観測されている。とすれば、このような事態を避けるべく対策をとることは合理的であろう。

4　おわりに——ウインーウインあるいは呉越同舟か

現代社会は、個人を基礎に置く。個人の考え方の形成には、資質とともに、自然環境、社会環境が大きくかかわろう。共通の宗教が有効な社会ならいざ知らず、現在の社会では、個人は、それぞれの価値基準を持ち、その価値を他者との関係の判断の基準に置く。したがって、自分と社会との関係が安定して都合の良い関係にあれば、それを維持しようと努めるし、安定していても都合の悪い関係にあれば、変革しようとするであろう。ここで、「社会全体としてどうあるべきなのか」というマクロな判断と、「その中で自分はどう処遇されるのか」という自分自身の身の置き方、というミクロな判断との整合性が問われてこよう。

社会全体の意思決定が、議論により最適に行われる、というのは、幻想であるが、現実的な希望である。しかし、社会全体が同質の価値観を持つ社会というのは、自由の観点からは望ましくない。そうすると、「価値観が異なる中で同じ行動をとれるのか?」ということになる。これに関連して、先のサステイナビリティ学連携研究機構では、「呉越同舟」という概念を提唱した。価値観をすり合わせずに、行動面での整合性を追求することである。同じ制度・行動を導入しても、それぞれの個人に対する理由づけは異なっていても仕方がない、ということである。ただ、結果として多くの人の支持が得られるということが大事である。同様に、地球温暖化に関する対策としてウイン－ウインの関係が提起された。温暖化対策の実施について、「温暖化が正しかろうが、うそだろうが、みんなの役に立つ（儲かる）からいいじゃないか」という主張である。ここでも、価値観を統一させることはやめて、具体的な行動とその結果に限定して物事を先に進めようという姿勢が見て取れる。しかし、これらのことは詭弁という解釈もなりたつ。いずれにせよ、信頼が必要となる。さらに、このことが有効であったか否かを確認するためには、長い間の試行錯誤も必要となる。そんなに早く効果が見えないこともあろう。少しの間違いや不具合から全体が傾かないシステム作りが必要となる。

ここで、グローバル市場の存在によるグローバルな企業の存在、グローバルな個人の活動は、あらたな可能性（プラスの意味でもマイナスの意味でも）を示唆する。いうまでもなく、国家のくびきを離れた個人の活動が可能となったという意味である。しかし、現在までのグローバルビジネスの展開やテロリズムの展開を見ていると、これらのグローバルな個人の活動に対する何らかの秩序維持は必要と思われる。

個々の人間の判断は、非合理である。しかし、全く理屈のない非合理ではない。事実、全く予想のつかない非合理な判断というのは、薬物などを使えば可能であろうが、普通の状態では考えるに困難である。

マルクス主義における下部構造という概念は有名であるし、人格の形成においても環境因子という側面が指摘されている。それがすべてではないが、何らかの意味で、制約条件になっていることは確かである。人間の判断も、外部要因によって完全に規定されているわけではないが、多くの影響を受けている。人間も、人間である前に生物であることの規制を受けている。社会を設計するうえでは、この点を忘れるべきではない。したがって、エネルギーや資源・食糧・水などの「モノ」の制約を考慮した基盤的なシステムを考えた土壌のうえで、個人が存在し行動する、というシステムを考えるのが必要であろう。その場合でも、人間の振る舞いは何種類かの判断のパターンの中から選ばれることが多い（それ故に、歴史や小説によって人間の振る舞いの幅を学ぶことができる）。したがって、個人の気まぐれという回路や心理的な要因をも組み込むことによって、個人が多数集まって相互作用しているシステム全体を合理的に検証可能なシステムにすることは可能と思われる。

もう少し、具体的に言えば、ちょうど、日本の「高度成長期」のようなものを思い起こしてもらえばよい。今から思うと、本当に歴史の中の一瞬の出来事とも思えてくるし、単純に経済成長を考えて環境の劣化など気にもしなかったという反省点もあるが、多くの人は、「一億総中流」の幻想に酔うことができた。それでは今どうするか？　結局、腹を決めるしかないと思う。少なくとも、「金がすべてではない」と覚悟すべきなのであろう。我々団塊の世代以上は、持っている資産（単にお金だけではない、能力・体力も含む）を将来の発展に資するべく覚悟する必要があろう。戦後の高度成長期でも、戦争中での戦死者の思いや、戦後の悲惨さの思いが、多くの国民を未来に向かわせる支えになっていたと思われる。

自由は大事である。しかし、完全なる自由は、混乱を産む。かといって、強烈な管理社会は息苦しい。最適点は、それぞれの価値観の真ん中にある。したがって、どの価値観を持つ人にとっても、このような状態は満足できないことになる。そこで、「まあ、そこそこの状態」を良いとする寛容な精神が重要となる。ただ、そうはいっても、我々の社会の目標が何かという点は重要になる。月並みであるが、できる限り多くの人が幸せと感じることができる社会というような抽象的な表現を再確認せざるを得ない。後は、時代に応じて、状況に応じて、具体的な目標を適当に提起できる柔軟性や構想力が必要なのであろう。

参考文献

Roger A. Pielke, Jr.　*The Honest Broker. Making Sense of Science in Policy and Politics*, Cambridge Univ. Press, 2007

Kahn, D.M., H.J-Smith, and D.Braman
“Cultural cognition of scientific concensus,” *J.Risk Research*, 14, Mo.2,147-174., 2011

6

ケンムン広場
——生物多様性モニタリング研究における保全生態学と情報学の協働

鷲谷 いづみ・安川 雅紀・喜連川 優

1　ケンムンの島、奄美大島

日本列島には古来、多様な神々や妖怪たちが棲んでいた。海山から恵みと幸を得て暮らす人々は、それらの気配を感じつつ日々の暮らしを営み、季節の折々に、神々との良き関係を結ぶ行事を執り行うことも忘れなかった。そのような地域では、「ヒトと神々の共同統治」ともいうべき、掟や慣わしに則った節度ある自然資源の利用・管理がなされ、地域共同体による持続可能な資源利用がなされてきた。しかし、地域の自然の恵みの恩恵よりも、海外から輸入される生態系サービスに頼る暮らしが広がるにつれて、神や妖怪たちの気配が薄れ、今ではそれを感じられる地域がほとんどなくなった。

神々や妖怪たちを心に抱くことが動物としてのヒトの本性に近いものであることは、バーチャルな世界での妖怪体験「妖怪ウォッチ」が現代の子どもたちの間で大流行していることからも明らかだろう。それにもかかわらず、妖怪たちは、日本列島から急速にフェイドアウトしつつある。伝統的な妖怪たちが今なお生き残る地域がわずかとなった現在、地元での高い知名度と人々の間での「存在確信率」において、他を大きく引き離しているのが奄美大島の「ケンムン」である。

江戸時代の文書「南島雑話」に描かれているケンムンは、毛むくじゃらで手足が長細く不気味な印象を与える「生きもの」である。著者、名越左源太が大和（奄美大島・琉球からみた薩摩以北の日本の呼称）から訪れた人であるため、河童文化の影響のためか頭にはお皿のようなものが描かれている。

ケンムンは、奄美大島における伝承や経験談を総合すると、神出鬼没で、海から山、すなわち沿岸域から森林域までの広い「生息域」をもつ。占領時代、刑務所建築のためにガジュマルの伐採を命じたマッカーサーに祟りをもたらすために渡米したケンムンもいたという。

最近では、ゆるキャラ的なイメージのケンムンも多く登場している。それらは手足は長いが体は丸く愛らしい。そんな愛すべきケンムンの姿や声は、奄美の森に棲む動物たちの特徴とも重なる。奄美の森には、ケナガネズミという大きなネズミがいて丸い体つきをしているが、それはアマミノクロウサギとも共通する。細くて長い足は、奄美の山道をあるいていると道の先を行くアマミヤマシギの脚を連想させる。奄美の森は、アマミイシカワガエル、ルリカケスなどの鳥類の賑やかな鳴き声に満ちている。これら保全上重要な希少鳥獣の特徴を抽出して合体させて「ゆるキャラ」化させると現代の愛すべきケンムンの姿が浮かび上がってくる。

それに対して、海や山でケンムンと遭遇したことに関する逸話・伝承から窺い知ることのできる「ケンムンの心」は、自然の恵みを大切に戴いていた「採集文化」を、先史時代から今日まで受け継いできた「奄美の心」を映しているともいえそうである。

ケンムンと類似点のある妖怪としては、沖縄には木に棲むキジムナーが、動物分布の生物地理学的境界線の一つ渡瀬線の北側には河童がいる。河童は、すでに概して過去の存在になっているが、ケンムンは今でも現役で、奄美大島にはその気配を身近に感じながら暮らしている人々もいる。道路には「ケンムン飛び出し注意」の標識が立ち、新しい年中行事として「ケンムンふぇすた」が催され、「ケンムンのお弁当」や「ケンムンのおやつ」が売られ、「砂浜にケンムンの足跡を見つけた」など、インターネットでもケンムンの話題が飛び交う。また、任意団体「ケンムン村」の村長さんは、集落の文化財を認識する「奄美遺産」運動に熱心に取り組んでいる。

奄美大島におけるこのような「ケンムン事情」に鑑み、私たちは、二〇一四年度から実施している環境研究総合推進費の研究プロジェクト「自然保護地域における生物多様性保全のための協働管理のための情報交流システムの開発：奄美大島をモデルとして」を始めるにあたって、生物多様性とそれが生み出す生態系サービスについての情報交換の場づくりに関しては、ケンムンに仲をとりもってもらうと良さそうだと判断した。

2　保全生態学と情報学の参加型生物多様性モニタリング

私たち、保全生態学・情報学の協働研究チームが、生物多様性モニタリングに関する共同研究をはじめてから八年ほどが経過している。共同研究がどのように始まり、どのようなテーマを取り上げてきたのか、簡単に振り返ってみよう。

保全生態学は、「生物多様性の保全と持続可能な利用」、すなわち、「自然と共生」という社会的目標の実現への科学的寄与をめざす生態学の応用分野である。社会が自然資本、すなわち、生物多様性と生態系機能が生みだす生態系サービスを的確に認識し、そのポテンシャルを損なうことがないよう、主に生態学からアプローチしてきた。国連の生物多様性条約が気候変動枠組み条約とともに採択された一九九〇年代に研究のニーズが認識されるようになり、二〇〇〇年代に研究が活発化した。しかし、もともと生態学が生物学の中でもマイナーな分野で研究者が少ないため、その応用分野である保全生態学はいっそう小さな研究者人口しかもたない。ごくわずかな数の研究者の社会がニーズに応えようと日々奮闘しているものの、社会からの期待には十分にこたえることができていない。

情報学は、説明するまでもなく、情報関連分野の理論、方法論から応用までを広く扱う最先端の科学技術分野である。現代社会の根幹にもかかわる課題を多く扱う分野として、そのプレゼンスをますます高めつつある。とくにそのなかのデータ工学は、「情報爆発」を目の当たりにした現在、膨大なデータの中から社会的に有用な情報を発掘して活用するような現代的な課題解決に挑戦する分野として、社会からも学術のさまざまな分野からも大きな期待を寄せられている。

二つの分野は、社会への影響力の大きさは、桁違いに異なるが、社会の新しいニーズに応える「使命」を意識して研究活動を展開している点は共通である。情報学では、情報の収集・提供への参加を促す「クラウドソーシング」が新しい研究課題となっている一方で、保全生態学では、市民がデータ収集に中心的な役割を果たす市民科学を重視しており、いずれの分野も、社会との協働をその主要なアプローチに取り入れている科学としての共通点をもっている。

共同研究開始のきっかけは、東京大学地球観測データ統融合連携研究機構が文部科学省の委託によるデータ統合・解析システム（DIAS）の研究プロジェクトを受託し、保全生態学研究室が「生物多様性モニタリングの高度化」という課題でこの研究プロジェクトに参加したことである。「生物多様性モニタリングの高度化」においては、社会が求めているデータ収集・蓄積・活用のモデルとして、いくつかの市民参加型のモニタリングプログラムを実践的に研究した。

市民参加による野生生物のモニタリングは、自然史の社会的な地位が日本にくらべて格段に高い英国などの欧米では、比較的長い歴史をもっている。「生物多様性の保全と持続可能な利用」が国際的目標となる一方で、情報科学が著しい発展を遂げつつある今日、市民参加による野生生物モニタリングへの期待は、世界的にも高まってきた。識別・同定の容易な生物を対象にする場合には、参加型モニタリングは、研究者が単独で行う調査にくらべて、空間的に広域、時間的には稠密なデータ取得が可能であり意義が大きい。

データ収集における利点に加え、参加者にとっては、身の回りの生物への気づきの機会や生物多様性にかかわる学びの機会を得ることができるという利点がある。モニタリングに参加することをきっかけとして、新たな分野にも目を開き、生涯を通じた楽しみを見つけることができたという参加者もいる。

「生物多様性モニタリングの高度化」研究では、市民と共にデータを集めそれを科学的な現状評価や予測に活用する研究は、保全生態学研究室が担当し、データベースやウエッブページの設計と実運用によるそれらの改良や拡張については、DIASのシステム開発・運用を担当していた喜連川研究室が担うことで研究が進められた。

私たちが共同で進めた市民参加型モニタリングプログラム研究のうち「東京蝶モニタリング」は、環境意識の高い組合員を多く擁する生活協同組合「パルシステム東京」と保全生態学研究室、喜連川研究室の三者の協力のもとに二〇〇九年より実施されてきた。パルシステム東京の組合員約三〇〇名がモニターとして蝶のデータを収集している（http://butterfly.tkl.iis.u-tokyo.ac.jp/）。

この参加型モニタリングの特徴は、蝶の同定に自信の無い初心者でも、写真を添付してインターネットを介して「いつどこで誰が何を見たか」を報告すれば、専門家の同定によって対象生物の名前を知ることができるところにある。つまり、情報学の視点で述べるとすれば、この参加型モニタリングはクラウドソーシングであり、参加者が蝶の同定を学習することがインセンティブになって、大量データの収集を実現していると言える。報告項目と調査者の報告からデータベースへのデータ投入を介したデータ公開までの流れの概要を図に示した（図1）。

プログラムでは、毎年春にモニター（調査者）を募集する。調査者は、任意で保全生態学研究室のメンバーが講師をつとめる研修会に参加したうえで、「調査マニュアル」に沿って調査を行う。基本的には五月から一一月までの間、都合の良い時間帯に都内の随意の空間的範囲で蝶の調査を行って報告する。

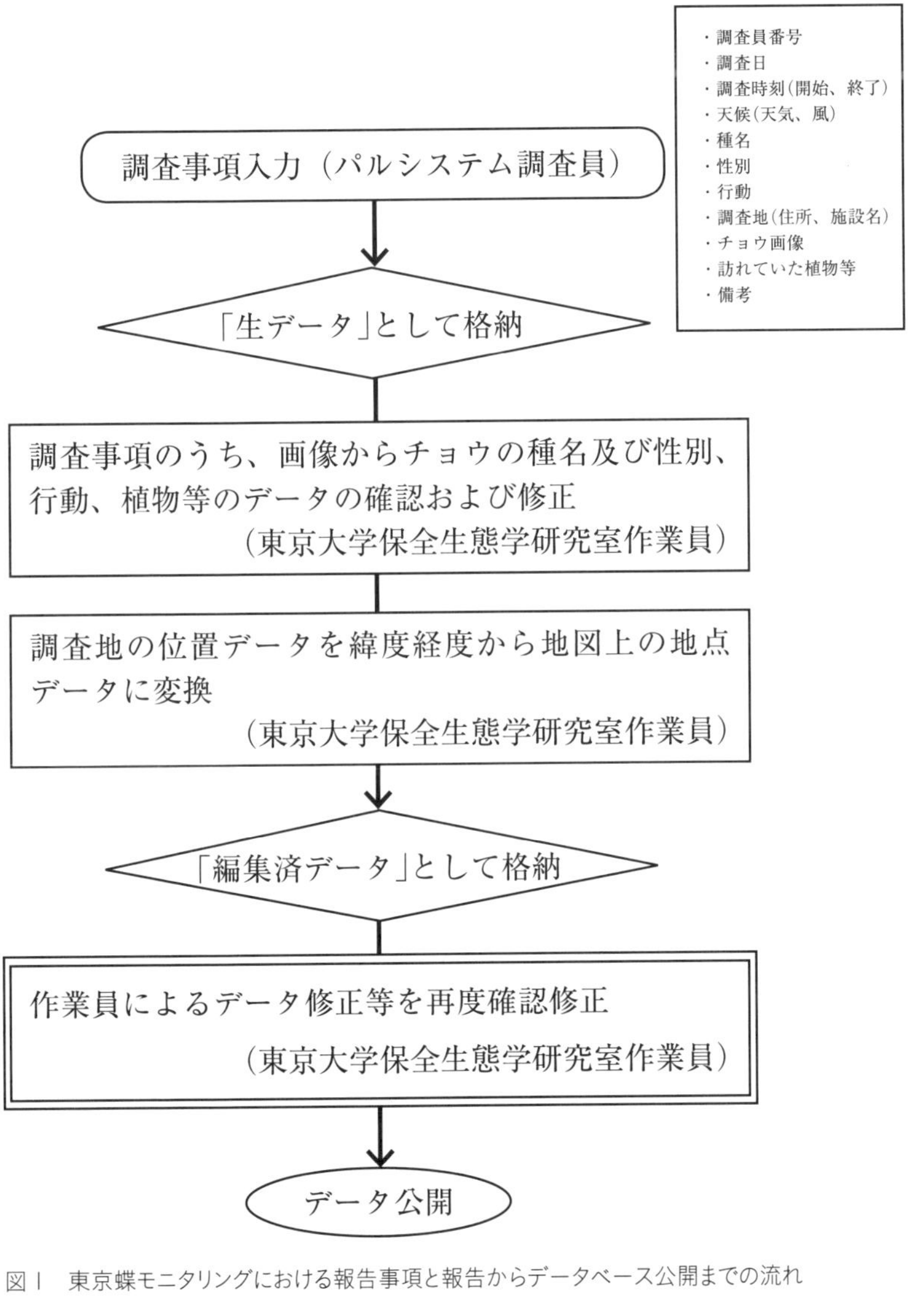

図1　東京蝶モニタリングにおける報告事項と報告からデータベース公開までの流れ

蝶の観察を行った調査者の調査報告は、喜連川研究室が開発したインターネット上のデータアップロードツールをつかって行う。調査者は、アップロード用の個人ページに入力し蝶の写真を付してアップロードする。アップロードによって自動的にデータベースに登録される。登録されたデータは、保全生態学研究室のメンバーが画像によって蝶の同定を行い、種名に間違いがあれば修正してデータベースを更新する。その修正は、個人ページに反映されるので、それぞれの調査者は修正されたデータを確認して、正しい同定を学ぶことができる。

保全生態学研究室の蝶の専門家のチェックを経た「品質管理済みのデータ」は、誰もが利用可能なデータベースとしてインターネットで公表されている。それは、現在の東京の蝶相をもっともよく反映したデータになっており、科学的な分析・評価に用いることができる。このデータに基づき、東京でもっとも多く見られる蝶がヤマトシジミであること、温暖化・ヒートアイランド化の影響を受けて、ツマグロヒョウモンなど、かつては東京でみることができなかった南方系の蝶が次第に優占度を強めていることなどが明らかにされている。

3　ワークベンチ「ケンムン広場」

私たちが奄美大島をフィールドとして研究開発に着手した「ケンムン広場」は、奄美大島での生物多様性に関する情報交流のための仕組みである。

日本で生物多様性条約第一〇回締約国会議が開催されてから早五年が過ぎようとしている。採択された愛知目標の中には、自然保護地域を拡大し、生物多様性保全に寄与する連結性の高いシステムとするという目標が含まれている。

それを受けて、環境省は、国立公園を再編・拡大・新設する動きを活発化している。奄美大島では、森林域の国立公園化が計画されている。

既存の自然公園等の管理を生物多様性の保全と持続可能な利用という目標に適ったものに変えていく必要があるが、それには地域の多様な主体の参加による管理が必要となる。そのような管理を実現させるには、主体間での対象地域の生物多様性と生態系サービス等に関する情報共有が鍵となる。

科学と参加を旨として取り組むべき自然保護地域の順応的なアプローチによる管理にとって、モニタリング・現状評価に資する科学的で誰にとっても理解が容易な生物多様性／生態系サービス指標と評価手法と、データ収集・データベース化・データ公開の実現やワークショップのサポートによって、情報共有・協働に資するワークベンチ（多様な情報を統合的に利用できるウェッブベースのシステム）の重要性はきわめて大きい。

私たちが現在実施している研究プロジェクトは、奄美大島をモデル地域とし、自然保護地域（国立公園を含む）の生物多様性保全に資する多様な主体の協働管理に欠かせない情報共有ツールを開発することを目標としている。研究の二つのサブテーマは、1：生物多様性・生態系サービスのモニタリング・評価に資する指標群（生物指標・土地利用指標）の開発、および2：スマートフォン等から画像つきの生物情報をデータベースに投入し専門家によるデータクレンジングを経てインターネット上で公開するプロセスを含む情報共有システム（多様な情報を統合的に交流できるウェッブベースのデータ基盤システム）の構築である。

サブテーマ1はもっぱら保全生態学のテーマであり、森林域において集中している場所をリモートセンシングで検出するための樹冠サイズ指数の開発および生物多様性・生態系サービスの生物指標としてのトンボ類、ニホンミツバチ、ニホンウナギなどの有効性を研究している。

サブテーマ2では、ワークベンチ「ケンムン広場」というウェッブのシステムを開発する。このシステムでは、サブテーマ1で取得した多様な植生・生物データとそれらに関連して取得した全方位画像、動画、音声などの多様なデータをデータベース化し、これを用いたウェッブサイトを設置して、親しみやすく魅力的なものとして公開する。さらに、住民参加型調査で収集される集落の文化・自然の遺産データをデータベースに蓄積して集落内、集落間、さらには島外に発信する。スマートフォンからの調査報告方式を取り入れた参加型調査をこれから運動化していくため、島の生物多様性およびそれを基盤とした文化・習俗への気づきは重要な意義を持っていることを考慮して、住民と島内外の専門家との情報交流のためのワークショップ等の行事における対面型の情報交流のあり方も検討する。

4　複合的参加型のモニタリングプログラム

私たちは、多様な主体がともに集落およびその周辺でフィールドワークをする新しいタイプの生物多様性に関する参加型フィールド調査を実践的に研究することを計画している。

奄美大島は、古くからの集落が現在でも同じ場所に残されている。トンネルで急峻な山道を回避する近年の道路整備がなされる前には、陸路を行くのが難しかったことから、集落間の通常の行き来は海路をつかって行われた。そのことを反映してなのか、それぞれの集落は「シマ」と呼ばれてきた。シマは古来、奄美大島における共同体の単位であり、土地や自然資源利用を含む暮らしの単位である。

現在、奄美群島では、シマの文化財を住民自身が発見・認識する、文化財悉皆調査が「奄美遺産」運動と銘打ってはじめられている。そこで得られたデータのうち、広義の生物多様性データ（自然と文化の複合遺産）を

「ケンムン広場」のデータベースに投入することが予定されている。これまで現場での調査は、シマの人たちと奄美遺産の運動を進めている文化財の専門家などが協力して行ってきた。本研究で、シマでの調査を生物多様性の調査とも一体のものとして進めるための多様な主体が参加するフィールドワークプログラムを開発できれば、新たな複合的参加型モニタリングプログラムとして機能させることができる可能性がある。地元から期待も寄せられており、実践と乖離しない現場研究の手法としても検討できればと考えている。

参考文献

安川雅紀・須田真一・鷲谷いづみ・喜連川優
「蝶モニタリングのためのデータ解析ツール」、信学技報 IEICE Techinical Report 45: 31-36, 2011

安渓遊地・当山昌直編
『奄美沖縄環境史資料集成』、南方新社、二〇一一

鷲谷いづみ・吉岡明良・須田真一・安川雅紀・喜連川優
「市民参加による東京チョウ類モニタリングでみたヤマトシジミ」、科学九月号：九六一〜九六六、二〇一三

鷲谷いづみ
「市民モニタリングの大きな可能性」、『自然再生のための生物多様性モニタリング』、鷲谷いづみ・鬼頭秀一編、東京大学出版会、二〇〇七

鷲谷いづみ
『〈生物多様性〉入門』、岩波書店、二〇一〇

7

消費者が関与する海のサステナビリティー——水産物エコラベルのポテンシャル

八木 信行

1 はじめに

環境保全に向けた活動を誰かから強要されると、人間社会では様々な軋轢が生じる。軋轢が生じるのは、その負担が公平ではないことに起因する場合が多い。実際、環境を守るために誰がより多くを我慢しなければならないかについて、皆が納得する解決を見つけることは難しい。自分のせいで環境が悪化したわけではないのに、なぜ自分が他人より多くの負担をしなければならないのか、といった議論が百出し、合意形成が難しい状況になるのだ。地球温暖化ガスの排出規制をめぐってここ二十年以上国際的な議論がある中で思うような合意形成ができていないのは、その代表例であろう。

海洋環境も例外ではない。その保全については、人間誰もが何らかの関心は有している。ただその関心の度合いは一様ではなく、個人によって差がある。また、漁業資源の減少が生じた場合も、その原因は、漁業者による親魚の過剰漁獲なのか、環境変動による稚魚の死亡率増加なのか、埋め立てによる生息域の減少なのか、温暖化による回遊域の変化なのか、魚の病気の蔓延なのか、はっきりと特定できない場合が多い。従って、ここでもコスト負担の公平性に関する問題が立ちはだかる。

そのような中にあって、人々の自主性をよりどころとする水産物のエコラベル制度は、良いポテンシャルをもっているといえるだろう。本編は、その理由を説明することを第一の趣旨としている。またその限界についても議論をしていきたい。なお、わざわざポテンシャル（つまり可能性）という言い方をここでしているのは、デザインは良いのであるが、その運用によって良くも悪くもなるという含意である。

2 水産エコラベルのポテンシャル

水産エコラベル制度とは、水産物が生産される際の環境への影響、特に水産資源管理や生態系保全がしっかりとなされている水産物に対し、エコマークのようなラベルを添付し、消費者に情報提供を行う仕組みである。環境保全に関心を有する消費者が、ラベル付きの製品を選択的に購入するようになると、環境にやさしい漁業で生産された製品が選択的に消費されて市場で生き残る一方、管理不十分で過剰漁獲などに陥っている漁業は思うように消費拡大ができない、といった効果を狙った制度といえる。ラベルが付いた製品が多少高くても消費者が選択的に優先して購入し、プラスの支払額が漁業者の手に届くようになると（つまり中間の流通業者にピンハネされなければ）、環境に易しい操業をしている漁業者に奨励金が届くという状況も生まれる。

ポテンシャルを感じる点は、これが任意の制度になっている部分だ。エコラベル制度は、政府による強制力を有する制度ではなく、民間団体が自主的に行うものである。海洋環境保全のコストをより多く負担したい人はラベルが付いた製品を自由意思によって頻繁に購入し、海洋環境保全のコスト負担に関心がない人は購入を強制されないという趣旨のものだ。このような性格であるため、保全のコスト負担が公平かどうかをめぐる合意形成を事前に行う必要がない。消費者は、制度ができてから事後的に購入をするかを判断すれば良いのだ。また漁業者の方でも、コスト負担（すなわちより高いレベルの資源管理導入に伴って生じるコスト）が納得できないと感じる人は、エコラベル認証を付けたいなどと手を上げずに黙っていれば、それでよい。

任意でなく、法律的な手段で強制力を持たせないと環境保全が進まないのではないか、との見方もあるだろう。たしかに、地球レベルの環境保全は、関係者全員が応分の負担すべきもので、任意制度では緩すぎるという見方も一概には否定できない。実際、皆が努力している中で一人がサボれば、その人間は何も努力していないのに環境が良くなった場合の果実は努力した人と同じように受け取ってしまう、そのようなフリーライダーを許して良いのかという点は、根拠のある懸念だ。フリーライダーが続出すれば、真面目に取り組んでいることがむなしく感じられて、結局誰も環境保全の努力をしなくなる可能性もある。ただし、これは比較の問題といえる。二酸化炭素排出問題のように、入り口のところで負担の公平性を議論して意味のある合意ができずに二十年も経過するケースもある。任意制度をさっさと開始する方が、何もしない状態と比較すればまだマシだという見方もできる。

また、法律的な手段で強制力を持たせた制度を実施しようとすると、そのコスト負担の公平性について揉めて時間がかかることに加えて、遵守する人がいなければ意味をなさない点にも注意が必要だ。

日本の国内であれば、日本国民は日本国が定めた法律を守ろうとするだろうが、この常識は、国際条約などには当てはまらない。例えば、国際貿易機関（ＷＴＯ）では、「あの国が貿易ルールを守っていないので被害を被った」という訴えが頻繁になされる。その数は、一九九五年から二〇一四年までの間に四九〇件近い件数である（https://www.wto.org/english/tratop_e/dispu_e/dispu_status_e.htm）。国際約束を守っていないと見られている国がどれほど多いかが窺える。ＷＴＯにはしっかりとした紛争解決手続きがあり、さすがに判決が出ればそれに従う国は多いが、中には、最終的な判断を行う上級委員会でクロ判定が出たにもかかわらず堂々と不履行を続けるケースもある。また、判決前に当時国間で合意して訴えを取り下げてしまい、本当に当事国がルールを守ったのか、または裏取引をしつつ現状は変えていないのかよく分からないケースも存在する。

漁業や海洋を巡る案件でも、条約などの国際的な約束を全ての国が遵守するとはかぎらない。これは、条約に異議申し立て条項などが存在していること、条約からの脱退が原則として妨げられないことなどに起因している。例えば、国際捕鯨委員会（ＩＷＣ）では、現在、商業を目的としたクジラの捕獲枠はゼロ（いわゆる商業捕鯨モラトリアム）となっているが、ノルウェーやアイスランドは現在でも商業捕鯨を行っている。これは、条約に異議申し立て条項があるためだ。具体的にいうと、国際捕鯨取締条約の第５条に、ＩＷＣで何らかの決定がなされても期限内に締約国が異議申し立てをすれば、その決定は当該締約国に対しては効力を持たない、との趣旨が書いてあり、ノルウェーなどはそれを利用しているというわけだ。

では、なぜこのような異議申し立ての制度があるのかという疑問が湧く。勝手な類推にすぎないが、脱退されてしまうよりは異議申し立てをされる方がマシという発想が条約起草担当者の頭のどこかにあったのかもしれない。たとえば現時点で条約の中で十の約束がなされているとする。何かが気に入らなくて締約国が条約から脱退すれば、その国に関しては有効な約束の数は十からゼロに減る。しかし、異議申し立て制度があれば、一つの約束に異議申し立てをされても、その締約国が条約の中に留まっていれば、まだ九の約束は遵守してくれる。よってこちらの方がマシということだろう。また、合意形成をコンセンサス形式でとる方式の国際会議だと、どこか一カ国でも反対すれば物事が決まらないので、スピードを重視して投票などによって決着を図るルール設定をする場合があるが、そのような場合も、議長としては「異議申し立て条項があるから、反対者はそれを使えば良い、よってとりあえず全体合意を進めさせてくれ」、という形で反対国への説得材料として異議申し立て条項を用いることもできる。

なお、異議申し立て条項や留保条項は、ワシントン条約（ＣＩＴＥＳ）やインド洋まぐろ類委員会（ＩＯＴＣ）などにも存在するが、一方で、そのような条項がない条約もある。例えば、みなみまぐろ保存委員会（ＣＣＳＢＴ）や中西部太平洋まぐろ類委員会（ＷＣＰＦＣ）がそれである。ただし、ＷＣＰＦＣでは「意思決定はコンセンサス方式による」という規定があるため、自分もコンセンサスに入って合意をしたものについては留保を付けずにしっかり守って下さい、という全体的メッセージになっているとも解釈できる。

このような話をすると、国際社会では約束を守らなくても罰則規定などはないのか、と疑問を持つ方がいるかもしれない。

たしかに国内の場合であれば、法律に違反する者が出れば罰金などのペナルティーを科す仕組みがある。しかし、国際的な枠組みでは、国際機関は約束に違反した締約国に罰金を科す権限はない。国際機関といっても、その事務局は各締約国が持ち寄りで金を出し合って維持しているようなものだ。事務局の立場で締約国にペナルティーをかけようものなら、逆に、締約国から事務局員の給料を払わないとか、事務局長を更迭するなどとプレッシャーをかけられるような目に遭ってしまう。国際社会で強いのは、国際機関ではなく、主権国家の方なのだ。

国際漁業の世界では、操業違反を取り締まったり、違反漁業者から罰金を取ったりする業務は、締約国の仕事であって国際機関の仕事ではない。例えば、大西洋でクロマグロを違法に漁獲したスペイン船の漁業者を取締まるのは、大西洋まぐろ類保存国際委員会（ＩＣＣＡＴ）ではなくスペイン政府なのだ。違反者を見逃している、または検挙しても罰金額が安い、といった話はスペインの国内案件になるため、国際機関の事務局や外国政府などは口出しできない。

いうことを聞かない外国に対して意見を通そうとして、経済制裁に訴えるケースもたまに存在する。実際、ＩＣＣＡＴでは、規制を遵守しない国に対して加盟国がマグロの輸入を差し止めることができる仕組みを有しており、これはＩＵＵ漁業（違法・無規制・無報告漁業）の撲滅に大きな役割を果たした。しかしこれができるのは、アメリカなど一部の有力国だけという限界が存在している。

話をエコラベルに戻そう。ここまで、国際条約を使って地球環境を守る取組みをしようとすれば、そのコスト負担の公平性をめぐって合意形成が長引く可能性があることや、合意が成立しても遵守しない国が出る可能性を述べてきた。それに比べれば、むしろエコラベルのような任意の経済的な手段を先に始めて、消費者に直接訴えかけるやり方に活路を見いだすことができるという議論を行ってきた。

では、エコラベルに死角はないのだろうか。結論からいえば、いくつか存在している。一つは、似たような制度が乱立すれば、消費者が混乱し、制度の意味が薄れてしまうことだ。

3　国連食糧農業機関(FAO)によるガイドラインの策定

表示の基準や目的について一貫性がない多数のラベルが市場に氾濫すれば、消費者の混乱を招き、当初意図していた効果が得られないおそれもある。FAOはその点を早くから気がついており、水産物エコラベルに関するガイドラインを策定し、認定・認証の基準や手続きなどを標準化する議論を一九九七年から開始した。当初は、この議論が任意のガイドライン策定を越えて、強制的な条項を含む国際条約を策定する事態に発展するのではないかとの警戒感や、先進国が途上国に先んじてエコラベル制度を整備すれば、途上国から先進国に水産物を輸出する際の貿易障壁になるのではないかとの懸念などが途上国の代表団から表明され、議論がなかなか進まない状況も見られた。

この様な状況ではあったが、長年の議論の結果、二〇〇〇年代に入って議論がまとまる兆しが見えだした。筆者はこの時期FAOの会合に何回か参加しているが、反対する途上国の代表一人に対して、EUやアメリカの

FAO 水産委員会の会議風景（筆者撮影）

関係者が何十人も取り囲んで議論をしていた場面も目にしている。途上国側が根負けしたような状況といえなくもない。

そして二〇〇五年三月のＦＡＯ水産委員会において「海洋漁獲漁業からの魚及び水産製品のエコラベリングのためのガイドライン」が採択された。ガイドラインは、民間団体などが任意制度として行うエコラベルの付与に関し、⑴漁業管理の状況、⑵漁獲対象資源系群の状況、⑶漁業が生態系に及ぼす影響の、三つの側面を考慮し付与を決定することとした。また、認証を第三者機関が行うことも、エコラベルの重要な要件としてガイドラインに明記されている。

二〇〇五年時点ではＦＡＯガイドラインは海洋において天然魚を漁獲する漁業だけを対象としたものであったが、その後ＦＡＯでは養殖水産物へのラベリング付与についても議論がなされ、二〇一一年には養殖水産物に関するエコラベルのガイドラインがＦＡＯで採択された。

ただし、ＦＡＯでは、本件をめぐって未だに途上国と先進国の間に溝が存在している。例えば、二〇一四年二月にノルウェーで開催されたＦＡＯ水産物貿易小委員会では、エコラベルの議題になると、複数の途上国がエコラベルは欧米主導のものでアジアやアフリカにはなじまない、といった趣旨の発言を行っていた。筆者はその場に出席しており、そこでアメリカは偉いなと感じたのだが、最後にアメリカの代表は、技術的な問題があることはよく認識している、このため、今後、熱帯域や亜熱帯域の漁業実態に合わせた仕組みを皆さんと一緒に開発することをアメリカは厭わない、といった趣旨の発言をしていた。

ここから分かるように、ＦＡＯでは、様々な判断基準のエコラベルが世界で乱立しないようガイドラインを制定してはいるが、途上国などから常に不満の声が上がっており、これに応えてガイドラインは途上国が位置する熱帯や亜熱帯などの自然資源の地域特性などに合わせて今後も柔軟に見直しが求められる状況となっている。

4 日本における水産物エコラベル

次に日本と世界の水産物エコラベル事情を見てみよう。世界的に水産物エコラベル制度の先駆けとなったのは、一九九七年にユニリーバとＷＷＦ（World Wild Fund for Nature）が設立したＭＳＣ（Marine Stewardship Council）である。ＭＳＣは一九九九年に独立し、また漁業管理認証や流通加工認証は第三者が行うため、現下の状況では、エコラベルの添付などはユニリーバやＷＷＦの影響を受けずに行える体制にある。ＭＳＣによるエコラベル製品は、二〇〇〇年から流通が開始された。特に、二〇〇六年に米国最大の小売業者「ウォルマート」が、その後三〜五年の間に北米で販売する天然物の魚を全てＭＳＣ認証製品に切り替えると発表した（http://walmartstores.com/Sustainability/7988.aspx）。ただ実際は二〇一三年の時点でもＭＳＣ認証製品はウォルマートが扱う野生魚の六十九％であり、残りは漁業改善計画（ＦＩＰ：Fishery Improvement Project）を行っている製品であるという（http://blog.walmart.com/our-commitment-to-sustainable-seafood）。なお、ＦＩＰとは、エコラベルを取得しているわけではないが、それに向けて操業の改善を行うことを指す言葉で、アメリカで主として取組がなされている。

ＭＳＣについては、日本でも二〇〇六年には大手流通・小売業がその流通加工認証を取得し、アメリカなどで生産されたＭＳＣ製品を国内で販売する事業を開始した。また日本の生産者としては、二〇〇八年九月に、京都府機船底曳網漁業連合会（京都府舞鶴市）がズワイガニ漁とアカガレイ漁を対象にアジアで初めての漁業管理認証を取得した。更に、二〇〇九年には土佐鰹水産グループのカツオ一本釣漁業が、二〇一三年には北海道漁業協同組合連合会のほたて漁業が認証を受けている。なお、そのうちカツオは認証を受けた漁業会社が倒産し、ズワイガニも当初の認証取得から五年後の定期更新をしなかったため、現在ではこれらの認証は消滅している。

ＭＳＣは国際的には認証を取得した漁業が拡大しており、二〇一四年十一月時点で認証を取得した漁業は約二四〇あり、認証審査中の漁業が一〇〇あるという（http://www.msc.org/track-a-fishery-ja/certified-ja）。また、世界の水産物の一〇％がＭＳＣ製品であるとの話をＭＳＣの担当から聞いたことがある。数あるエコラベル制度の中でも、ＭＳＣは世界で最大規模の制度といってよいだろう。

日本独自の水産エコラベル制度も存在する。これは、マリン・エコラベル・ジャパン（ＭＥＬ）といい、二〇〇七年に設立された。この枠組みの下で二〇〇八年十二月に日本海ベニズワイガニ漁業が、また二〇〇九年五月に駿河湾サクラエビ漁（静岡県）及び十三湖シジミ漁（青森県）が認証を得るなどしている。この制度も、エコラベルに関するＦＡＯの国際ガイドラインの考え方に沿った制度であるとしている（http://www.melj.jp）。ただしＭＥＬは、製品流通は日本国内だけとなっており、国際的な認知度はほとんどない。

5　水産物エコラベルの効果

水産物エコラベルに対して消費者がプラスの支払意思を有するかどうかについては、日本でも複数の研究結果が報告されている。例えば、大石らは、水産エコラベル製品に対する消費者の潜在的需要を明らかにするため、東京都及び大阪府内の一般住民を対象とした郵送アンケート調査で得たデータを用いてコンジョイント分析を行い、その結果「エコラベル」に対する限界支払意思額が「国内産」に対する限界支払意思額に次いで高い値を示したと報告している（大石ら、二〇一〇）。その後、類似の研究が日本で追加的になされ（例えば森田と馬奈木（二〇一〇）など）、いずれも大石らの研究結果と整合性を有する結果が得られている。同時に、これらの報告では、今後、水産エコラベル制度の実効性を高めていく際には、消費者に対して、水産資源の状況やその管理の一方策としてのエコラベルについて、正確な情報を流すことが重要であると指摘している（例えば大石ら、二〇一〇）。

6　水産物エコラベルだけで全てが解決するわけではない

ここまで、水産物エコラベルについて、そのポテンシャルを論じつつも、消費者が混乱しないように適切な知識の伝達が課題となっていることを指摘した。この節では更にもう二つ課題を指摘したい。

一つは、海洋環境問題の全てが水産物エコラベル制度だけで解決するわけではない点である。冒頭、漁業資源の減少が生じた場合も、その原因は、漁業者による親魚の過剰漁獲なのか、環境変動による稚魚の死亡率増加なのか、埋め立てによる生息域の減少なのか、温暖化による回遊域の変化なのか、魚の病気の蔓延なのか、はっきりと特定できない場合が多いと指摘した。多くの場合、複合的な原因で漁業資源が減少していると思われ、その場合、漁業者による活動だけをエコラベルで表示しても効果は限定的になる。より効果を上げたいのなら、住民による藻場再生活動や、海に流れ込む河川の水質浄化の取組み、海砂利の採集や埋立ての制限など、その他の取組みについてもラベルなどで適切に表示し、そこで得たプラスの支払を現地の保全活動に還元する仕組みを考え出す必要があろう。

二つめは、このことを反対側から眺めた話となる。つまり、消費者の側も水産資源の保全だけでは満足しないという点だ。我々の研究室では二〇一二年度から、日本人が海のどの要素に強くひかれているのか、また、何が原因となって海の環境を保全しようと思うのかを研究してきた。

二〇一三年には東京、大阪、石川、長野、静岡に住む一一〇〇人を対象としてウェッブ調査を実施した。その結果、回答者は、海の恵みとして、(1)水産物の供給、物質循環、生物の生息場所の提供といった「生活に必要な海の恵み」と、（2）医薬品・鉱物・エネルギー・水の供給、消波などの防災機能、水の浄化、二酸化炭素吸収機能といった「間接的な恵み」、更には（3）文化行事・宗教行事・保養やレクレーションの場の提供といった「文化的な海の恵み」の三つの種類が存在すると認識していることが分かった（Wakita et al., 2014）。続いて、これら三つのどれが海の環境保全の行動につながる要素になっているのか、それぞれを調べてみたところ、魚などを供給する機能である「生活に必要な海の恵み」は保全活動への貢献意志との相関はそれほど高くなく、むしろ「文化的な海の恵み」が貢献意志と高い相関を有しているという結果が得られた（Wakita et al., 2014）。つまり、この調査結果からは、日本人による海洋環境への意識の特徴は、海が食糧資源である魚を産出する場所であるからという理由よりも、文化行事・宗教行事・保養やレクレーションの場を提供している場所であるからという理由で、環境を保全したいとより強く感じていることが分かる。

また、日本人が海の機能のどの要素に高い支払意思額を有しているのかもウェッブ調査の結果を用いて計算してみた。調査時に海の機能として我々から回答者に提示した選択肢は、漁業生産、二酸化炭素吸収、水の浄化機能の三種類である。これらの機能が年間一％向上する場合あなたは幾ら支払いますか、という趣旨の質問を行い、その結果に基づき計算を行った。その結果は、二酸化炭素吸収に対する支払い意思額は約十九円、水の浄化機能が約十六円、漁獲向上は約六円であった（Shen et al., 2015）。なお、需要曲線と供給曲線を想定する場合、消費者の支払い意思額とそれを供給する側からのコスト計算が一致しなければ取引は成立しないため、「支払意思額は十六円である」といった金額そのものを議論しても自ずと限界は存在している。しかし、少なくとも、日本の消費者は、水産資源の保全だけでは満足せず、海については二酸化炭素吸収機能の向上や、文化やレクレーションの場所としての海を機能を高める行為を更に求めている、という点は見えてきたといえる。

これらの機能を保全しようとすれば、やはり負担の公平性問題は生じる。また、それ以前に、気候変動などの場合、原因者の特定は難しいため、誰のどの行為を制限すれば保全効果が上がるのかから議論を始めなければならないケースも想定される。住民による藻場再生活動や、海に流れ込む河川の水質浄化の取組み、海砂利の採集や埋立て制限などの取組みについてもラベルなどで適切に表示し、そこで得たプラスの支払を現地の保全活動に還元する仕組みのニーズは高いように思える。

それでは、そのような保全活動は実際に存在しているのだろうか。実は、アマモなどの海草を海に植える運動は日本各地に存在しており、継続した取組がなされている場所も多い。また、干潟の耕うんや、藻場やサンゴ礁を荒らす有害生物の駆除などを行っている地域もある（例えばhttp://www.hitoumi.jp参照）。

これらも含めてエコラベルの対象にする仕組みを創出できれば、日本ならではの取組になるだろう。

7　日本型のエコラベルを育てよう

先に、日本発の水産物エコラベルとしてＭＥＬジャパンを紹介し、同時に国際的な認知度はほとんどない点を紹介した。認知度をあげるためには、単にＭＳＣの後追いをしているだけでは不十分といえるのではないか。ＭＥＬ独自の、すなわち日本独自の取組を行い、国際社会にアピールすることが重要であるように思える。

日本独自の取組とは、魚だけに注目せずに、魚の生息域としての生態系そのものを保全する取組である。

西洋流では、保全の対象は魚そのものになりがちである。実際、西欧流の漁業管理は、魚の漁獲枠を何トンとするか、といった発想のものが多い。言い替えれば、対象物に直接注目するのが西欧流であるといえる。一方で、アジア流は対象物に直接注目するよりも、その周囲に注目する。「将を射んとせばまず馬を射よ」という発想がアジア流であるのに対し、「将を射るためには将そのものを狙うべき」というのが西欧流といえるだろう。日本でも、漁業管理は魚の漁獲枠だけに注目するのではなく、漁場に注目する方式が伝統的にとられてきた。つまり、管理の単位が魚ではなく漁場となっている。日本では漁業権として政府が漁場使用権を細分化して漁業者団体などに配分している。しかしこれが西洋流になると、漁獲枠として魚を捕る分量を漁業者や船主に配分することになる。

魚そのものより場所の保全に注目する日本の方式について、諸外国はどう思っているのであろうか。多くの米国人・英国人には、あまりぴんとこないやり方かもしれない。彼らは、都会の環境に対して払う関心は少なく、郊外の野生の動物などを人間から保護することは熱心だという（Giddings, 2002）。そして、この根源は、環境が人間と切り離された存在であると見ていることにあるという（Giddings, 2002）。要するに、都会と郊外や海洋などとの物質循環にはあまり注意を払わず、そこにいる野生動物の保護に直接関心が向く構図といえるだろう。要するに、注目の対象は野生動物であって、その生息環境や物質循環ではないということだ。

一方で、少なくともアジアやアフリカは、日本のやり方に納得する可能性が高いと思われる。筆者は、生物多様性保全条約において、Satoyamaイニシャティブに対するアジア・アフリカ各国の反応を直接見たことがある。人の手が入った自然をエリアごと保全する行為がSatoyamaイニシャティブの趣旨である。このイニシャティブを生物多様性保全条約で進めることについて、オーストラリアは反対を表明したが、アジアやアフリカ諸国が理解を示し、二〇一〇年の生物多様性保全条約の締約国会合で世界的に認知されるようになった。

日本は物質循環を重視するため、人間と里山と自然の保全の連関を理解しやすいが、これはアメリカ大陸の先住民などにも共通する感覚であるようだ。二〇一五年、筆者はＦＡＯが主催する漁業関係の国際会議でカナダのミクマク族の人に会った。その人から聞いた話だが、何年か前、ミクマク族の人が漁業ライセンスを有さないでウナギを漁獲し、それをカナダ政府は違法漁業として摘発したという。しかし、ミクマク族は西暦一七〇〇年にカナダ政府と結んだ協定（先住民は資源を利用する権利を有するとの趣旨）をたてに裁判で争い、最高裁で勝訴したという（Marshall Supreme Court decision in 1999という）。その人によれば、ミクマク族は、人間は自然と一体の存在であると見ている一方で、ヨーロッパ系の人は、人間が自然とは切り離された存在であると見ているために、この争いが生じたという。つまり、ミクマク族は先祖伝来の大地を里山のようにして保護している精神があるにもかかわらず、カナダ政府の評価はそこではなく、単にウナギの漁獲という即物的かつ表面的なことで評価されたのは心外だ、という意味を含んでいると考えられる。

日本のエコラベルを、食糧供給源としての海洋だけでなく、文化やレクリエーションの場や、物質循環の場などとしての価値を含めた海洋を全体として保全する趣旨を持つ里山里海ラベリングにすれば、アジア、アフリカ、更にはアメリカ大陸の先住民などにもアピールできる。日本型のエコラベルを世界に普及させるためには、このようなシナリオも考えられるだろう。

参考文献

大石卓史・大南絢一・田村典江・八木信行
「水産エコラベル製品に対する消費者の潜在的需要の推定」、日本水産学会誌七六：二二六～二三二、二〇一〇

森田玉雪・馬奈木俊介
『水産エコラベリングの発展可能性――ウェブ調査による需要分析』、RIETI Discussion Paper Series 10-J-037、二〇一〇

Giddings, Hopwood, O'Brien
"Environment, economy and society: fitting them together into sustainable development," *Sustainable Development* 10:187-196., 2002

Kazumi Wakita, Zhongha Shen, Taro Oishi, Nobuyuki Yagi, Hisashi Kurokura, Ken Furuya
"Human utility of marine ecosystem services and behavioural intentions for marine conservation in Japan," *Marine Policy* 46: 53-60., 2014

Robert Blasiak, Nobuyuki Yagi, Hisashi Kurokura
"Impacts of Hegemony and Shifts in Dominance on Marine Capture Fisheries," *Marine Policy* 52: 52-58., 2015

Zhonghua Shen, Kazumi Wakita, Taro Oishi, Nobuyuki Yagi, Hisashi Kurokura, Robert Blasiak, Ken Furuya
"Willingness to pay for ecosystem services of open oceans by choice- based conjoint analysis: A case study of Japanese residents," *Ocean & Coastal Management* 103: 1-8., 2015

8

宇宙と環境とファンタジー

石崎 恵子

はじめに――ファンタジーから現実へ

「はじめに必ず着想(idea)、空想(fantasy)、おとぎ話(fairy tale)がある。そのあとに科学的な計算が続き、最後になってようやく、着想が実現される」。これはロケットの理論を初めて提唱したロシアの科学者、コンスタン・ツィオルコフスキーの言葉である。[*1] 彼はSF小説を書き残してもいる。彼だけでなく、宇宙開発の黎明期を築いた主要な科学者たちの多くは皆、ジュール・ヴェルヌや、H.G.ウェルズといったSF小説のファンであった。つまり宇宙開発も元々はファンタジーであった。それが今や現実にロケットは実現し、宇宙空間で生活、そして更なる惑星移住も現実のものとなろうとしている。

ここでは、宇宙開発と環境をめぐる様々な実例を通して、現実とファンタジーの境界を行き来してみよう。宇宙と環境との間には非常に多くの接点があり、自然科学の分野のみならず、人文・社会科学からもアプローチがなされている。その一端を紹介してみたい。

1　自然科学的視点の重要性――宇宙的視点の共有

まずもって、宇宙でも環境でも、自然科学の対象としての側面が第一義であろう。宇宙の環境は、地球環境とは違って、空気もなければ重力も感じられない。大気圏外では人体に有害な放射線、いわゆる宇宙線を防ぐことができない。無重力下では地上と同様の体力を維持することは出来ず、老化と同様な筋肉と骨密度の減少が急速に進むことが分かっている。宇宙に人が行き、人が住むなどという事は環境のあまりの違いに思いを馳せてみれば、不可能であると考えるのが普通である。しかし、そうした不可能を乗り越える技術が発展した。宇宙線の防御という課題は残るものの、宇宙服や宇宙船の環境を整えることによって宇宙空間での一定期間の滞在を可能とし、地上では確かめることのできなかった実験を成功させ、地上では不可能な純度の物質を精製することにも成功している。つまりは、宇宙開発は究極の人工環境を作り出しているとも言える。

1-1 エコロジーへ目覚めた宇宙飛行士――アポロ計画

一方、エコロジー思想は、公害問題の深刻化と時期を同じくして、宇宙開発が持ち帰った地球全体のイメージに喚起されたと言われている。地球全体をひとつの生態系とみなす、エコ・システムは、はかなく美しい地球の姿から一般に意識されるようになった。

地球が青い球体であるというその全貌を初めて肉眼でとらえたのは、人類初の宇宙飛行を果たしたソビエト連邦のユーリ・ガガーリン、そして、それに負けじと繰り広げられたアメリカの月探査プロジェクト（アポロ計画）の搭乗員達であった。彼らが持ち帰った地球の写真は、今も至るところで使われ、人々の想像力を刺激している。

彼らの中には、宇宙からの帰還後、環境活動への関心を強めた例も少なくない。例えば、宇宙飛行士ジェリー・カーは、次のように述べている。「宇宙から地球を見たとき、誰でも大気層のひ弱さにショックを受ける。環境とエコロジーへの配慮なしには、人間が生きていけないということがよくわかる。しかし、だからといって、環境論者やエコロジストの主張を全面的に受け入れているわけではない。環境論者には二種類ある。科学的環境論者と非科学的環境論者だ。前者は科学的根拠にもとづいて環境を心配し、科学的な解決を求めようとする。しかし、後者はまるで迷信を信じるのと同じように環境を心配し、解決はあらゆる文明活動にストップをかけること以外にないと思っている」。また、ウォーリー・シラーは次のように述べている。「何でも反対的なエコロジー運動には与しない。（略）どうすれば、よりよい妥協点を発見できるか。これが、私の環境問題に取り組む視点だった」[*2]

これらは、一九八〇年代に立花隆氏のインタビューに答えたものであるが、さて、いまこの言葉を聞いて現代の我々はどのように捉えるだろうか。

1-2　宇宙と環境の近未来①　地球温暖化対策はファンタジーなのか現実なのか

アポロ時代の環境問題は、化学物質による汚染など原因の特定や技術革新によって解消されて来たものの、依然として新たな環境上の脅威は残り続けている。特に代表的なのは、地球温暖化問題であろう。

ＪＡＸＡも開発している人工衛星による地球観測技術は、地球規模の環境を一望のもとに捉えることに貢献してきた。言わずと知れた気象衛星「ひまわり」の他にも、雨量の観測を水循環変動観測衛星「しずく」が、森林の減少を陸域観測技術衛星「だいち」が、温暖化の原因物質の分布を温室効果ガス観測衛星「いぶき」が観測するなど、環境破壊の実際を観測している。ＪＡＸＡの観測によれば、確かに温室効果ガスは増加しており、温暖化も進んでいる。一方で、太陽観測衛星「ようこう」「ひので」を初めとした観測データを研究する宇宙物理学者の見解によれば、太陽が地球の気候変動へもたらす影響も無視できず、逆に氷河期の到来をも考慮に入れるべきであるという。[*3] また、温室効果ガスを排出しないエネルギーとして、宇宙空間で大規模な太陽光発電を行うという構想（宇宙太陽光発電ＳＳＰＳ：Space Solar Power System）も実現が模索されておりＪＡＸＡが世界をリードしている。

地球温暖化問題に関する論争は、社会経済、政治をも含めての検討が必要である。見解の相違が、科学的な事実であるのか、政治的な判断であるのか、情緒的な反応であるのか、といった要素が複雑に入り混じっているからである。ここで重要なのは、こうした難問につきあたった時に、それではどうするのか、とりわけ、宇宙開発がそうであったようにファンタジーが現実になるとしたら？　と考えることではないだろうか。実現すべきファンタジーを共有していさえすれば、もしどこかで間違いが生じたとしても修正が可能となるのではないだろうか。さてその〝実現すべきファンタジー〟とはどのようなものか、少なくともそれを共有するためにも、正確なデータの分析、論理的筋道の検討といった自然科学の思考方法こそまず重要である。これらはいわば〝宇宙的視点〟の共有である（宇宙的視点については第3節で詳述）。

2　社会科学的な視点の重要性——地上的視点の共有

だが、そのような「宇宙的」自然科学の研究環境を整えるうえでも、「地上的」な視点、いわば社会科学的な観点は重要となってくる。日本の宇宙開発機関であるＪＡＸＡの人工衛星は、観測分野で進歩を遂げたが、その背景には、アメリカとの貿易摩擦も影響している。一九九〇年以降、政府（ＮＨＫ及び現ＮＴＴを含む）が打ち上げる実用衛星については内外無差別での調達を行う決定が下されたため（日米衛星調達合意）、実質、政府の実用衛星開発の道が閉ざされたこと、研究開発目的の衛星のみに注力せざるを得なかったことがある。

社会科学といえば、このような政治、経済の他、宇宙法、さらには、社会学、文化人類学など、人文科学との複合領域とも連なっているが、ここでは、宇宙開発史とも密接な関係にある、宇宙法と環境の関係について紹介しておこう。

2-1　宇宙法・宇宙政策にみる「環境保全」の意味

ドイツに生まれたフォン・ブラウンは、少年の頃、宇宙へ実際に行くことのできる可能性を示した論文を読んだことから、それまで苦手科目であった物理学や数学を猛勉強し、ロケット開発者となった。「ロケット技術を磨くためなら」とドイツ軍のミサイル「Ｖ２」の開発を引き受けたこともあった。その後、アメリカへと亡命を果たし、やがてアメリカの宇宙開発を牽引する事となる。

一方、ソビエト連邦でもツィオルコフスキーの構想を引き継ぎ、宇宙開発が進められていた。共産政権下では伏せられていたがここにも天才的宇宙工学者、セルゲイ・コロリョフが設計を一手に引き受けていた。こうしたなか、宇宙への進出に先手を打ったのはソ連であった。一九五八年、世界初の人工衛星スプートニクが打ち上げられた。[*4]

これは東西冷戦という世界の構造の中で、西側諸国では「スプートニク・ショック」と呼ばれるほど衝撃的な事件であった。これをうけて国連では急遽、「宇宙条約(1966/12/19)」が取り結ばれた。他に国連で提示された、環境について言及のある議論としては、「月協定(1979/12/5)」「リモート・センシング原則(1986/12/3)」「国連スペースデブリ低減ガイドライン(2007/3/6)」がある。

ここで分かるのは、「環境」という言葉の多様さである。地球環境のみならず、地球周回軌道つまり大気圏外の環境や、さらには他天体の環境をも指している。一方で、注目すべきは、これらは、占有を禁じるという目的も伴う政治的なものでもある。この点を考え併せてみるとき、環境とは、自然環境に留まらない社会的な環境という側面があることが分かる。「周辺環境」「生活環境」「社会環境」などという時の「環境」は、社会的な意味で用いられている。そのような「環境」では、ファンタジーと現実とが、近接してくる。月の土地の販売や、アニメの名シーンを再現するために月に槍を付き刺すプロジェクトなども、当初はファンタスティックな企画として持ち上がったが、現実に天体に影響を及ぼす際には、ファンタジーだけでは片付けられない。特に宗教的な意味を伴ってくる場合は、アイデンティティに関わる問題となるからである。将来的には、テラフォーミング(他惑星環境の地球化)など漫画の題材となる事態も、現実味を帯びて来るならば、真剣に議論される時がくるだろう。

2-2　宇宙と環境の近未来②　サスティナビリティ(持続可能性)の枠組みで進むスペースデブリ対策

宇宙の環境問題と言えば、一般に懸念されているのがスペースデブリ(宇宙ゴミ)問題であろう。だが、脅威となり得るサイズのデブリに関しては、一つ一つ位置が把握されており、衝突の回避が可能となっているため、回収コストを鑑みると対策に対しては消極的な状況があった。

デブリ対策が進まなかったのは、開発競争つまり自国の維持発展という現実が立ちはだかっていたからでもある。だが、デブリの増加は今後の開発さえままならず自滅をもたらすという共通認識が徐々に広まっている。宇宙開発の長期的持続性、サスティナビリティという考え方は、こうした「現実」を共有する有効な戦略であると言えるだろう。[*5]いわば〝地上的視点〟の共有である。

だが、「宇宙開発のサスティナビリティ」という考え方は、基本的には開発の持続に動機づけられる。これは恐らくは「生態系自体に価値がある」とするディープエコロジーのような考え方とは、動機、思想を異にしている。生態系を人間のために開発したり保護したりするといった科学技術への素朴な礼賛と、一方で「自然に生かされている」といった素朴な皮膚感覚の対立には、「私たちは何者なのか」という根本的な思想の相違がみられるのではないだろうか。これらを解く鍵は、次に検討するような人文科学をも含めた視点が必要である。

3　人文科学的な視点の重要性——宇宙と地上の往還

そこで最後に、思想をめぐって人文科学からの視点について考えてみたい。人文科学といえば、たとえば、古来の宇宙観がどのようなものであったか、といった紹介はしばしばみられるが、ここでは宇宙開発と同時代に展開された思想を中心に「宇宙的視点」と環境の関係について考察してみよう。

3-1　ハンナ・アーレント、バックミンスター・フラー、西田幾多郎、鈴木大拙の思想の相違点と共通点

奇しくもフォン・ブラウンと同じく、ドイツに生まれアメリカに亡命した政治哲学者ハンナ・アーレントは、スプートニク号打上げを、地球すら取り除くことのできる「宇宙的（普遍的）点 universal point」についに人工物が達した事件として論じている。アーレントはこの点を、単に宇宙開発に特異の事態としてではなく、エネルギー問題や生命操作などを含む地上のあらゆる科学技術を象徴するものとして注意を促している。人間には限定されている条件があるのにもかかわらず、それらから遊離し（疎外され）十分な思考を経ることなく地球外へ飛び出してしまう。つまり宇宙に視点をとることは地球全体を危険にさらし、地上にある多様な機微を無効にしてしまうというのだ。[*6]

一方、そのおよそ十年後には、「宇宙船地球号」という言葉が広く知られるようになった。現代でもこの言葉

はしばしば耳にする。これはアメリカの建築家で思想家でもあるバックミンスター・フラーが広めた言葉である。この言葉には「同じ地球号の船員だ」という団結心を湧き起こす力がある。フラーが強調しているのは、争いの愚かさである。フラーの思想は、分業による弊害を排し、部分ではなく、全体をシステムとして捉えることを提唱するものであった。それはコンピュータの発展によって実現されるだろうと予言してもいる。つまり、宇宙に視点をとることは、アーレントとは逆に、科学の発展に夢を託し、地球全体を一望のもとにとらえ、争いを無意味なものと知る契機となるというのだ。

両者には評価の違いこそあれ、宇宙的視点の特徴がそれぞれよく捉えられている。アーレントも指摘していたように、宇宙的視点をとった思考ともよぶべきものは、哲学史を見渡してみると、決して特殊なものではない。フラーが依拠する一般システム論は、ウィーン生まれの生物学者、ルートヴィヒ・フォン・ベルタランフィが提唱したものであるが、その理論構築にあたって参照したのは、ニコラス・クザーヌスや、ライプニッツといった中世あるいは近代の哲学者であった。これら一連の哲学者については、近代日本の哲学者である西田幾多郎も取り組んでいる。西田哲学の「全体的一即個物的多」「抽象即具体」「客観即主観」といった用語法は、[*7] 宇宙的視点と地上的視点の往還を意識的に取るものであるといえよう。西田は「宇宙」という単語こそ使ってはいないが、盟友である鈴木大拙はしばしば仏教の精髄を「宇宙」という語でもって語っており、浄土への往相廻向／還相廻向もこれに通じるところがある。

ポイントはどこにあるだろうか。それは、私達とは何者なのか、という視点にあるのではないか。我々は一体どの視点で物事をとらえているのか、という〝自覚〟、西田もこの点を主軸に据えていたし、アーレントが強調するのも、フラーが夢見るのも実にこの点にある。フラーが指摘したように「宇宙は最大の包含」、[*8] 最も大きいスケールである。その分、大雑把となりがちな点はアーレントが指摘した所ではあるが、地上との往還、つまり自覚をもつ限りは極めて有用な思考訓練となる。絵を描く時のように、遠くからの見た目を確認しながら細部を描くことで本当の現実へと近づくことができる。相反する事態は、共に取り得る極である。どちらの極もいわば「ファンタジー」として、「現実」を構成しているのだ。

たとえば「多様性が重要だ」と主張する場合も、それが一つの視点からしか見られていないことに無自覚である場合が往々にしてある。「すべて一様だ」とするのも多様な文化の内の一諸相と見れば地上は彩り豊かである。いわば般若心経の色即是空、空即是色。この考え方は、たんなる思想・ファンタジーを超えて、現実のイノベーションの源泉であったとも言われている。[*9] 科学技術にはマイナスの側面とプラスの側面があるとして、片方の面がもう片方の面を正当化する口実にはならないはずだ。科学技術は「諸刃の剣」であるとか「清濁併せのむべきだ」と考え、「何かを得るためには何かを失わなければならない」とは自称「現実的」な人々がよくとる視点ではあるが、これが安易にリスクを受け入れさせる口実として機能し、打開策について盲目となりがちな点には注意が必要である。一方で、「エコロジスト」を自認する人が提示するファンタジーはしばしば、ここまで科学技術に依存した世界にあっては原始時代に戻るほどに非現実的であり、自然を取り戻すにも、技術革新に頼らざるを得ないことを見失いがちである。

小さな範囲では当たり前の事が、別の範囲では当たり前ではないということは往々にしてある。意見の不一致とは、単に互いの視点・範囲・スケールが固定され噛み合わない事から生じているに過ぎない。どちらも正しい。だがそれらが固定されていると「どちらかだけが正しい」という不毛な議論となってしまう。ファンタジーだけでも現実だけでも、エキサイティングな議論とならない。最大のスケールである「宇宙」ではあらゆる範囲を採ることができる。そのような選択肢がある時と無い時、どちらが私達を取り巻く状況、つまり「環境」の可能性を広げるだろうか。[*10]

3-2　宇宙と環境の近未来③

地球型惑星の発見をめぐる問いと、私たちの宇宙、私たちの環境、私たちは何者なのか

私たちの環境を宇宙というスケールへと広げてみるとき、学問の境界をも超えた考察が可能となる。たとえば、宇宙の成立ちや、その中での地球型惑星の存在について探索する時、否応なく、「私たちとは何者か」という問いに直面する。

宇宙科学の分野ではそのような探求がなされつつある。この分野は日進月歩で新しい発見が相次いでいるので、この本が出版される頃には既に更新されている可能性もあるが、近年、地球型惑星の環境を備えた惑星が次々と発見されつつあるのは確かである。そこに生命が宿っている可能性すら大いにある。その生命の中にはひょっとすると、私達地球人のようないわゆる知的生命体が住んでいるのではないかと科学者たちは考え、これまで実際にその証拠を掴むプロジェクト（ＳＥＴＩ：search for extra-terrestrial intelligence）が続いている。

このような着想は一九五一年、ノーベル物理学賞受賞者でもあるエンリコ・フェルミが「地球外知的生命体はどこかにいるはずなのに、依然としてコンタクトできていないのは何故か」と昼食時に友人に問いかけた所謂「フェルミのパラドクス」などが一つのインスピレーションとなっている。フェルミ自身の答えは、「実はもう来ていて、彼らは自分達のことをハンガリー人だと名乗っている」と冗談めかしたものだったという。[*11] だがその後一九五九年、地球外生命体との交信についての学術論文が『Nature』に投稿され、一九六〇年には天文学者フランク・ドレイクの主導により、交信計画が開始された。ドレイクは一九六一年、地球外生命体とコンタクトできる可能性を導き出す方程式をも提示している。

$$N = R_* \times f_p \times n_e \times f_l \times f_i \times f_c \times L$$

それぞれの変数は、次のような意味をもっている。

R_* 人類がいる銀河系の中で1年間に誕生する星（恒星）の数

f_p　ひとつの恒星が惑星系を持つ割合（確率）

n_e　ひとつの恒星系が持つ、生命の存在が可能となる状態の惑星の平均数

f_l　生命の存在が可能となる状態の惑星において、生命が実際に発生する割合（確率）

f_i　発生した生命が知的なレベルまで進化する割合（確率）

f_c　知的なレベルになった生命体が星間通信を行う割合

L　知的生命体による技術文明が通信をする状態にある期間（技術文明の存続期間）

ドレイクがこの方程式に当てはめた値は以下の通りである。

R_* = 10［個／年］（銀河系の生涯を通じて、年平均十個の恒星が誕生する）

f_p = 2（惑星を持つ恒星は、生命が誕生可能な惑星を二つ持つ）

f_l = 1（生命が誕生可能な惑星では、一〇〇%生命が誕生する）

f_i = 0.01（生命が誕生した惑星の一%で知的文明が獲得される）

f_c = 0.01（知的文明を有する惑星の一%が通信可能となる）

L = 10,000［年］（通信可能な文明は一万年間存続する）

これを計算してみると、十種類の知的生命体と交流が可能ということになる。しかし、依然としてＳＥＴＩは成功していない。ドレイクの方程式の内、どこかに計り間違いがあるのではないか？　そのように問いかけたのが、天文学者であり人文・社会科学にも造詣の深いカール・セーガンである。彼は、文明の存続年数に見込み違いがあるとして、環境問題や核兵器による自滅（所謂「核の冬」）を警告している。人類が誕生したのは約二十万年前であるが、地球外との通信技術を獲得したのは、一九六〇年以降のことであるから、そこから一万年間、我々の文明は存続するだろうか？

セーガンはまた、宇宙の誕生から現在までを一年のスケールに換算した宇宙カレンダーを提唱している。この方法によれば、大みそかの年が変わる十秒前になってようやく最初の文明が誕生する。[*12] この宇宙に長い年月をかけて環境が整い、生命が生まれ、こうしてこの今この瞬間に貴方がこの本を手にしている。それこそ天文学的な確率の偶然が重なって実現した必然である。そのような事実は「私達は何者か」という一つの答えでもあるのではないか。この問いには、自然科学的な組成によって答えることもできるし、社会的な役割や取り巻く状況によって答えることもできる。しかし、そうした限定を外してみた時のひとつの答えは、私たちは、宇宙的なスケールで言えば、このように極めてちっぽけでありながら、奇跡的な確率で成立している替えの利かない存在だということである。ここにあらゆる垣根を越えた共通の問いに接近する鍵がある。

おわりに――ファンタスティックな現実

以上のように、宇宙と環境の関係は、自然の観察・解明の対象となり、社会的な力学の中で変化し、そして人の思索を押し広げ、自身を省みる契機ともなっている。学問は常に未知と既知との境界で発展しているが、それはまるで宇宙と地上との往還のように、いわばファンタジーと現実との往還でもある。宇宙開発のようにファンタジーが現実になった環境が手に入り、周辺環境として永遠に膠着状態であるかのような冷戦構造が宇宙開発競争の末に幻のように崩壊した。そして宇宙という別の環境に思いを馳せることで私たちは一体何者なのかと問いかけ認識を広げることができる。そう考えてみると、今、現実だと思い込んでいるものも、一つのファンタジーである可能性すら想像できるのではないか。

それでは、私達はこれからどのようなファンタジーを描くのか、どのようなファンタジーを実現するか、宇宙という最大のスケールをも視野に入れて私たちの環境の可能性を広げていくのはどうだろう?

注

1　S. G. セミョーノヴァ、A. G. ガーチェヴァ、西中村浩（訳）『ロシアの宇宙精神』、せりか書房、一九九七、八〇頁。K.E. Tsiolkovskiy, "Investigation of World Space by Reactive vehicles (1911-1912)," translated from the Russian by G.Ynkovsky, "Selected works," NAUKA, 2006, p.84 この論文の訳は他にＮＡＳＡが訳した二つのヴァージョン（http://epizodsspace.no-ip.org/bibl/inostr-yazyki/tsiolkovskii/）がある。執筆年が一九二六年となっている上、「おとぎ話」にあたる"сказка"が、"invention""fiction"と訳されている。ここでは、最も原文に近い最新の訳を採用した。ちなみに、fantasy（фантазия）はいずれも共通している。

2　立花隆『宇宙からの帰還』、中公文庫、一九八五（一九八二）、四一、二五九、三〇八頁。

3　常田佐久『太陽に何が起きているのか』、二〇一三、宮原ひろ子『地球の変動はどこまで宇宙で解明できるか：太陽活動から読み解く地球の過去・現在・未来（DOJIN選書）』、二〇一四。

4　宇宙開発史に名を連ねる人物のエピソードは、的川泰宣『月をめざした二人の科学者――アポロとスプートニクの軌跡』、中公新書、二〇〇〇を参照。

5　詳しくは、加藤明『スペースデブリ』地人館、二〇一五年刊行予定。財団法人日本国際問題研究所軍縮・不拡散促進センター『（平成19年度外務省委託研究）宇宙空間における軍備管理問題』。

6　ハンナ・アーレント『人間の条件』（1958）、志水速雄訳、ちくま学芸文庫、一九七三。『活動的生』（1960）森一郎訳、みすず書房、二〇一五。彼女はこの序論の中で、ツィオルコフスキーの言葉「人類は永遠に大地に縛り付けられたままだということはないだろう」を陳腐で「異常」と評している。

7　上田閑照編『西田幾多郎著作集3』、岩波文庫など後期思想に特に見出されるが、後期思想は西田自身「根本思想を表し得た」としているように、初期から一貫した思想であるという点を強調しておきたい。

8　バックミンスター・フラー『宇宙船地球号操縦マニュアル』、ちくま学芸文庫、六一、七七頁（R. Buckminster Fuller, "Opelating Manuel for spaceship Earth," 1968）。

9　スティーブ・ジョブズが禅を実践していたことはよ

く知られている。グーグルも、仏教の瞑想法から発展したマインドフルネスを社内の研修として取り入れている。そのほか、マサチューセッツ工科大学のオットー・シャーマー博士によってイノベーションを起こす理論として提唱された「U理論」では、「宇宙」への言及がしばしば見られる他、西田幾多郎の著作も引用されている。

10 科学技術に関する総合的な見解としては、池内了『科学のこれまで、科学のこれから』、岩波ブックレット、二〇一四を参照。

11 当時、優秀な科学者にはハンガリー人が多かった。スティーヴン・ウェッブ『広い宇宙に地球人しか見当たらない50の理由――フェルミのパラドックス』(2002)、青土社、二〇〇四。

12 カール・セーガン"TTAPS report(1983)"『コンタクト』(1985)。高見浩・池央耿訳、新潮社、一九八九。『COSMOS』(1980)、木村繁訳、朝日新聞社、一九八〇。

9

マヌカン・レクチャーとフレッシュな生命

池上 高志

1　はじめに

坂部ミキオと山縣良和という二人のファッションデザイナーが主催する「絶・絶命展」で、マネキンを使ったレクチャーを展示した。それは、生命の「フレッシュさ（新鮮さ）」と、ファッションの「フレッシュ（新鮮さ）」をつなげてみたい、というものだ。僕自身はＡＬＩＦＥ（=Artificial Life: 人工生命）の研究を専門としている。ＡＬＩＦＥとは既存の生命を構成する要素を、別のもの例えば計算過程や無機物に置き換え、人工的に生命状態を作り出すことで、「生命とはなにか」を研究してやろうという試みである。それは単にコンピュータのシミュレーションとして生命を作ろうとするだけではなく、実際に化学実験や自律ロボットなどによって現実世界に人工的に生命現象を立ち上げようとする試みでもある。しかし何が出来ればそこに生命がある、といえるのか――。

「フレッシュな生命とはなにか？」という問いは、「生命とは何か？」という科学で百万回繰り返されてきたおなじみの問いを、アップデートしうる可能性を持つ、それ自体が新鮮な問いである。あるいはＡＬＩＦＥに向けた挑戦といえるかもしれない。これまでの生命の定義が自己複製や自己維持など客観的な対象としての定義だったのに対して、フレッシュな生命というのは主観的あるいはクオリア的な問いであり、それは最終的あるいは最初から追求すべき問いであった。なぜならば、フレッシュではない生命システムは魂の抜けた生命システム、ゾンビ化してしまうからだ。それでＡＬＩＦＥに対するこの挑戦を受けて絶命展に出展することになった。それがマヌカン・レクチャーである。

以下で、マヌカンレクチャーに至る、ＡＬＩＦＥにおけるフレッシュさの作り方、クオリア原理主義、フレッシュな生命を作り出す、そうしたことについて生命構成論の立場から書いてみたい。

2 ALIFEとは

生命現象は、原子や分子の詳細によらずに決まる。そういう信念のもと、新しく可能な生命の状態を構成してやろうというのが、ＡＬＩＦＥの研究だ。クリス・ラントンは、研究室で自分の背後のスクリーン上を動くＬＩＦＥゲームに生命をみた。そのことが契機となってＡＬＩＦＥという分野が立ち上がる。生命のいる気配あるいは、何かが意図をもっている気配、というのは確かにわれわれは感じてしまうものである。われわれには生命状態の感知能力がある。

その「感じてしまう生命」とは無関係に、客観的・科学的な研究対象としての生命を定義するなら、自己複製・代謝反応・自律運動・学習と認知・進化などとなる。あるいは物質としてのＤＮＡ分子とタンパクになるだろう。これらを人工的な系で実験することが可能となり、特に試験官のなかの自己複製の研究は、ＡＬＩＦＥというコンテキストだけでなく、現在広く一般的な生命の研究として精力的に行われている。一方で「感じてしまう生命」とはなにか。われわれ個体としての生命は、定常的に自己複製を繰り返しているわけではないし、つねに進化しているわけでもない。自律運動・学習・認知するロボットの研究はＡＬＩＦＥの一分野として活発なわけだが、いつまでたっても生命にはならない、と言われる。どうも、生き生きした感じ、フレッシュな生命、には至らないのだ。

「生き生きしている」というのは、自己複製や自律運動の付随物として現れるものだと思っていたが、そう単純にはいかないらしい。それでもブルックスが十五年前にロボットが生命にならないと嘆いた頃と比べ、そうでもないロボットも出現している。二〇一五年の今、ロボットは「不気味の谷」を通過しようとしている。

3 不気味の谷

ボストン・ダイナミクス社のつくった、黒子の人間が二人向かい合わせになって歩くようなロボット「BigDog」はセンセーションを巻き起こした。これまで考えてきたような、分散処理や生物のような「気まぐれさ」、生物的学習などを内部に入れたところで、それは生命らしさをつくらなかった。一方、何かを作り出そうとする、運動しようとする、その志向する感じ、その「志向性」の中に生命性は宿るかにみえる。BigDogの志向性は、どんな地形でも目標目指して頑張って進むというものだ。蹴られようが、何をされようが、頑張って目標地点を目指してまっすぐに進むことが使命なのだ。その結果としてそこには「まるで生命のような」、しかし生命とは違う薄気味悪い佇まいが出現する。この志向性の存在こそが、生命がそこに出現する要件となっているのではないか。つまりは、メカニズムではなくて、ロボットに何をさせたいかが、表層的ではなくALIFEを構成する上で大事なはずだ。

石黒浩の作った人型アンドロイドは、しかし一見志向性を持たぬ人型ロボットだ。すなわち人のような表情と佇まいを、たくさんのアクチュエーターを使い、人の型取りをし、人の皮膚のような質感の皮膜で覆われた「新型マネキン」で作り出している。最近、石黒はこのマネキンを使って、劇作家・平田オリザと演劇舞台を制作している。そうした劇にとどまらず、石黒は実際に服を着せて銀座のショールームに設置したり、またはバンドと一緒に歌を歌わせている。究極は石黒が自分自身に似せたアンドロイド、イシグロイドを製作していることにある。このイシグロイドの醸し出す佇まいには、BigDogと同じような気味の悪い生命感が生まれつつある。しかしここに志向性はあるのか。

不気味の谷、とはロボット工学者の森政弘によって一九七〇年に提唱された視点で、ロボットを段々と人に似せてゆくと途中から急激に薄気味悪くなり、その「谷」を超えると人と同じに感じられる、その「人の感じ」からのズレを不気味の谷というのだ。BigDogもイシグロイドも、不気味の谷を徘徊している。最近では、マツコ・デラックス似のアンドロイドが石黒浩によって制作され、マツコ・デラックス本人と一緒にTV番組を作っていくというのが始まった。マツコ・デラックスのアンドロイドは本人そっくりで、これまでのような薄気味悪さが軽減しているような感じがした。アンドロイドによってはすでに不気味の谷を脱却しつつあるのだろうか。

不気味の谷とは見る側の異和感の問題で、チューリングテスト（アラン・チューリングによって考案された、機械が知的であるかどうかを判定するためのテスト）と同じたぐいの、観察者に内在し実体化して取り出せないものである。なにが「不気味の谷」を作っている要素なのか、それに触って見るわけにいかない。それでもそこに不気味の谷のようなものがあることは多くの人が認めるもので、ここでの主題である「生命のフレッシュさ」と表裏の関係にあると思えてくる。新鮮さとは観察者問題であり、機械から、今度はより一般に人ではなく生命に近づけていくときに、新鮮さというのがどこかで急に現れてくるのか、あるいは徐々に増していくものなのか。いずれにせよ、人の不気味さと同じように生命の新鮮さについて考える事は、けっこう的を得たものだと思い始めた。少なくともこれまでのALIFEで陽に新鮮さというものを扱ったことはない。

実際、石黒のアンドロイドもまたこのexhibitionに展示されていた。絶・絶命展の死の四日間にスケルトンと呼ばれる透明で顔が白塗りの、しかし全身で運動が作れるアンドロイドが登場する。これは、生命の新鮮さを考えさせる試行である。

4 クオリア原理主義

生命とその新鮮さと似た状況が、脳とクオリア問題である。科学的研究の対象としての脳という実体があり、そこに脳に関するすべての秘密が埋まっていると考えるのが普通である。脳を理解したいのであれば脳の構成要素をつぶさに調べれば良い。が、残念なことにことはそう簡単にはいかない。茂木健一郎やチャルマーズが言っているように、それがハードプロブレムである。脳内の神経活動とわれわれの主観性の間には一対一対応付けがなされている。その対応付けがなされているとしても、何故、「あの寒い朝の感じ」が、あの寒い朝の感じであるのかの説明にはなっていない。たとえば、コンピュータに冬の朝の写真を保存したとしよう。このときコンピュータの「メモリーパターン」に、冬の朝の気配を探ろうとしても見つからないだろう。それはじゃあどこに書き込まれているのか。この場合にはコンピュータではなくて、われわれの頭のなかとの対応関係の中にあることになる。では、なぜわれわれは、冬の朝の気配が感じられるのか。そもそもこのことは答えられる問題なのかすら疑わしい。この「冬の朝の感じ」はクオリア（感覚質）というものであり、この解けない問題を脳のハードプロブレムという。

今後脳の問題が多く解かれていくにしても、このハードプロブレムに関し答えを出すことは難しいだろう。だからBigDogやイシグロイドを作ってもその問に答えることは難しい。しかし、このハード・プロブレムが解かれないとするならば、脳科学は何に答えることになるのか。クオリアについて考えなければ脳を考えることにならないのだから、その場合にはクオリア原理主義的にならざるを得ない。つまりは、脳と感覚の一対一対応問題を追うのではなく、クオリアがあることが、我々が世界を見つめることであるのだから、そこから始めて考えようということだ。その意味でイシグロイドは、クオリア原理主義ということができる。脳の研究、あるいは意識の研究とは、このクオリアを中心に据え始めたものでないと、何を問題としているのかすらぼやけてしまう。

生命の新鮮さを考えよう、というのもやはりクオリア原理主義的である。ある客観的な性質をシステムにインプリしたところで、それはスケルトン化された生命でしかない。生命の新鮮さとはクオリアであるのだから、それは手で触ったり実在性を伴うものではない、という意味ではハードプロブレムに似ているが、抜け道もある。それがファッションである。

5　ファッションとは

山縣と坂部は新進気鋭の世界的に活躍するファッションデザイナーだ。その二人が「生命の新鮮さ」に興味をもったのはどうしてか。それはファッションの持つクオリアとしての新鮮さ＝フレッシュネスに焦点を当てているからだ。ファッションとはいわゆる身体を包む衣服のことだけを指すのではない。衣服はファッションになるが、その逆ではない。特に山縣のファッションショーはその点を強調したもので、例えば彼のショーは、自分より巨大なブラジャーを引きずった子供や、神様の格好をしてもらった普通にいる通行人にファッションのステージに立ってもらったり、キルティングで作った地球の模型を置くなど、かならずしも美しいモデルが最新のファッションを着て登場するわけではない。二〇一三年にＰＡＲＣＯミュージアムで、山縣と坂部がオーガナイズした「絶命展」で、山縣本人は機織り機に用いる「シャトル」の巨大な模型を展示していた。

彼らにとってファッションとはなんだろうか。坂部は、ファッションは新鮮さ（フレッシュ）であることが本質的だという。ファッションはあっというまに広がったり古びていく。でもそれは物質的な結果ではなく、集団の想いがそれを新しくしたり古びさせる。フレッシュな、ということは物質的なことではなく、服をデザインすることでなく作ることができるはずだ。それはつまりＡＬＩＦＥが、生命という状態を物質の状態に帰結せずに、動きやアルゴリズムに帰結させてきたように、ファッションでも同じことができるはずなのだ。

なぜ絶命展という名前なのか。二〇一三年の絶命展は、十数個の小さいブースの寄り合いで、それぞれのブースを出展者が担当する。Exhibitionは、生の四日間と死の四日間からなり、生の四日間は生きたモデルが各ブースに現れ、死の四日間はマネキンが服を来てそのブースにいる。この遷移を通して、ファッションのフレッシュさ、生身の人が着たものがマネキンに置き換わることで何が変わるか、そうしたことを考えさせる展示になっていた。

このExhibitionに行ってみて驚くのは、生の四日間の生きたモデルの生々しさ・新鮮さ・怖さ、である。衣服はその生命らしさによって輝きを持つものだということが体験できる。一方で死の四日間のマネキンは、衣服に命を吹き込めない。この圧倒的な差異は、生と死の四日間を両方体験することによって初めて分かる。ファッションとは、生身の人によってはじめて立ち上がる現象であって、極論するのであればそこから導かれるものは、ファッションとは衣服のことではなくて、生身の人間の持つ生々しさを増幅してみせる装置、のことである。生身の人間のイキイキとした感じ、例えば、そいつがいつ殴りかかってくるかわからない、その予測不可能性が、生命のもつ本質、「穴の開いた感じ」をつくっている。マネキンは穴を開けることは出来ない。

二〇一五年の三月はこのexhibitionそのものをban（禁止）して、新たな生を生成する、新たな人間を作り出す、という試みが行われた。なぜ禁止するのか。それはファッションのメッセージというのが、生身のモデルと人工のマネキンの違いを見せつける、といった負の方向ではなくて、ファッションを新しくする、という正の方向が必要だからである。それは、「新しい人間のインストール」といってもいい。そこにわれわれはマヌカンレクチャーを投入した。

6 マヌカン・レクチャー

マヌカン・レクチャーとは、マネキンを持ってきてそこに自分の顔（池上）を3Dプロジェクション・マッピングし、レクチャーをさせようというものだ。マネキンの顔の立体面に合わせて投影するイメージを変形して投影し、人間の顔を再構成する。実際に池上がレクチャーをしているムービーをプロジェクションすることで、仮想世界レクチャーが完成する（次頁の図1）。

それは四年ほど前に「セカンド・ライフ」の中で行った、ハーバード大学主催の科学レクチャーを思い出させる。僕はMartin Hanczycと共同研究していた「動く油滴」と、それの関連としてオートポイエシスの講義をし

図1

た。そのとき講義の時間になって、色々なところから出現する生徒たちの出立ちがすごかった。セカンドライフでは好き勝手な格好ができるのだが、魔女やバットマン、ドラキュラ、そういう感じのファッションが多く、まるでハローウィンのパーティに呼ばれて講義をするかのようであった（ちなみに講義は黒板の代わりにパワーポイントの資料をアップロードして、質問はチャットでした）。

このマヌカンレクチャーもそうした異形の世界のレクチャーである。テーマとして五つのレクチャーを用意した（文末のAppendixを参照）。たとえば、ＡＬＩＦＥとはなにか、という三分レクチャー。ダーウィンと南方熊楠を比較して、ダーウィンは色々な生物をみて進化の普遍理論をつくろうとしたが、熊楠は動物でも植物でもない粘菌という特別な種を研究することで、進化論を考えた。特異性からの普遍理論。これは物理学の得意とするものでもある。ＡＬＩＦＥの研究も、ＬＩＦＥの特別な初期値から作り出される特別なパターンの時

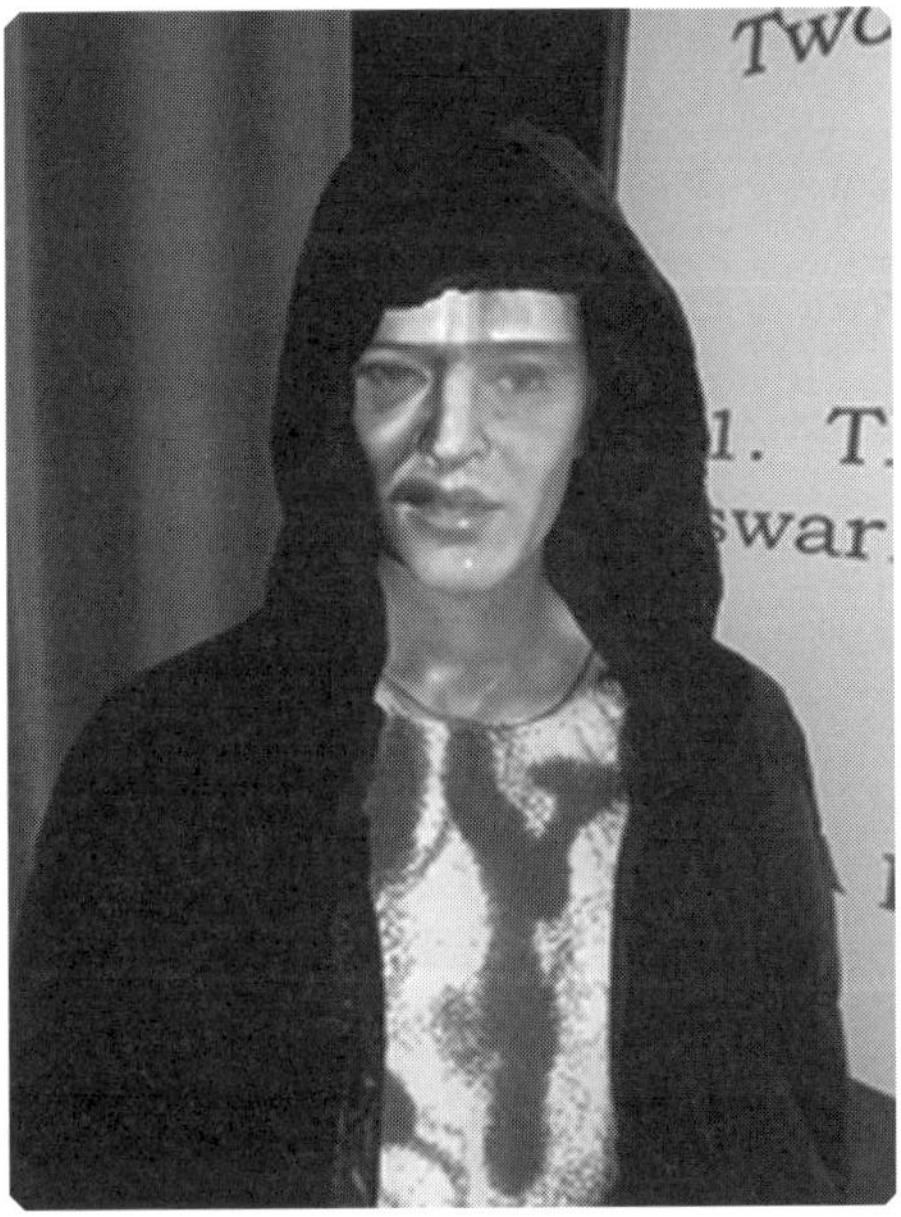

図2

間発展に端を発する。そのアマチュア的マニアックさで、生命の普遍性に迫ることができる。それを忘れるな、というメッセージをこめたレクチャーである。

背景にはそれぞれのレクチャーの内容に対応するスライドを用意した。そして肝心なのは、マネキンの服である。そのテキスチャーは上の図2にもみられるように、大きな人工の群れが飛行する動画や、Mind Time Machineというシステム（Appendix参照）の動画、動く油滴が動き始める動画、など非常にダイナミックで実際あったら買いたい、と声が上がったデザインを投影した。

このマヌカンレクチャーは十二日間、生と死と新生の期間を通じて展示したのだが、どのように期間を通じてレクチャーを変化させるかは大きな問題である。生の期間はマネキンを使い、死の期間はプロジェクションマッピングにいろいろなエフェクトを加えたりした（図3）。ここで新生の期間に新しいプロジェクションマッピングも考えたのだが、実は死の期間の展示が、来訪者を強く引きつけることがわかった。死の展示の仕方のなにが良かったのか。プログラム的にグリッチの効果などを入れたのが良かったのか。もしそうだとしたら、それは、アテンションスパンの問題かもしれない。つまり、人のアテンションは一つのもので長く惹きつけられな

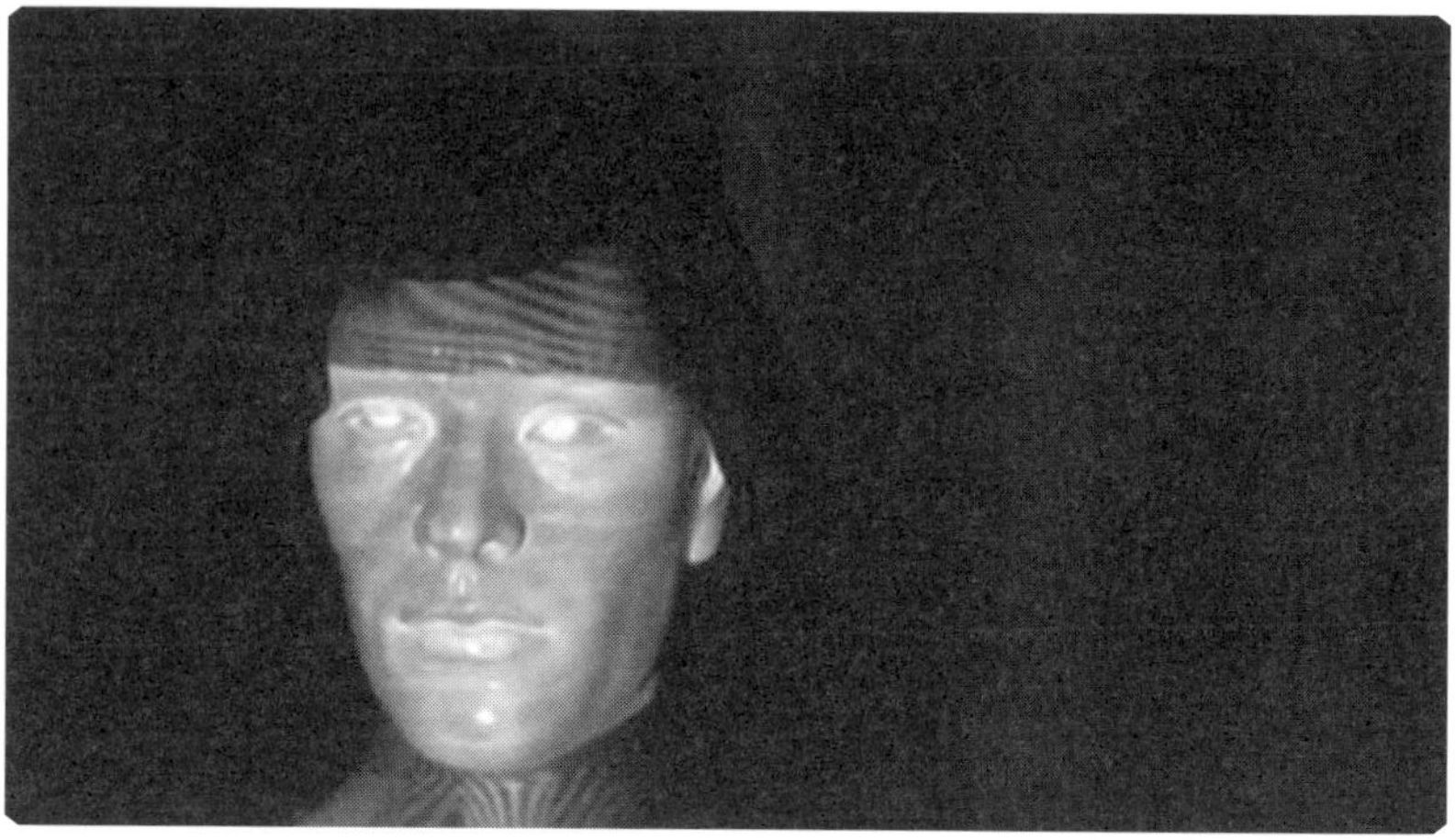

図3

図4

い。かならず注意が失われてしまう。顔の白黒を反転したり、左右に高速で揺れしたり、不規則なノイズをつけたりしたことがアテンションを引きつけたのか。実際、この加工されたマネキンの方が、はるかに生き生きとして見えた！　そのため、新生でも同じものを使ってみることとした。

新生の期間にはもうひとつの挑戦として、人間のモデルの顔に僕の顔をプロジェクションマップしてみた（図4）。すると今まで見たことのない不気味さが出現。そこにまさに不気味の谷が出現した。結果、石黒さんのいうところの、「人は皆不気味なものである」を体現したものとなった。石黒さんは不気味の谷を超えていない人間などたくさんいるという。確かにどんな人でもその背後には不気味の谷が控えている。人はその典型的なイメージから逸脱する。その逸脱が、フレッシュな生命をつくりだすのかもしれない。なぜならフレッシュさというのは、予測が破れること、見たことがないこと、に深く根ざしているからだ。見たものは、その逸脱を見る側の想像力で補おうとする。それが志向性をアンドロイドに授ける。それが結果的にフレッシュネスを構成する。このことが今までのＡＬＩＦＥの研究には抜けていたのではないか。この点から考える新しい人間を議論してみよう。

7　新しい人間の創造

作曲家のルイジ・ノーノは、アンドレイ・タルコフスキーの『進むべき道はない、だが進まねばならない』に寄せた一節の中で次のように述べている。**人間の技術の変化の中で新たにこれまでと異なる感情、異なる技術、異なる言語を作り出すこと。それにより人生の別の可能性、別のユートピアを得ること。**

新しい人間とは、そのような新しい価値観・時代を変革するだけの視点を持った人のことである。ファッションとは、さしずめそのような技術を作り出すための一つのかたちなのだろう。

アーティストの荒川修作が、「ランディング・サイト」というアイディアで、三鷹天命反転住宅をつくった。天命反転とは、それこそノーノのいう、これまでとは異なる価値や言語を作り出し、新たなユートピアを作ろうとした取り組み、と僕は解釈している。ランディング・サイトでは、そこに住む人達のすべての感覚器官は矛盾させられ、その結果としてピュアな身体や自分、あるいは建築という形式としておっこちてくる。そこにないものを見たり、嗅いだり、味わったりする能力は、人間の基本的性能である。しかしそれを機能的なもの（例えばエサをみつけたり、敵からのがれるためといった）に回収しようとすると、とたんに身体や建築は見失われてしまう。

絶・絶命展でわれわれが発見したのもまさにそれだった。生の期間に行った普通のプロジェクション・マッピングを、死の期間にいろいろとエフェクトをつけて壊してみた。そしたらそこに逆説的に「フレッシュな生命」が垣間見えた。そこにかえって生命性を見てしまうのは、荒川のコトバを借りればそこがランディングサイトになり得たからである。認知科学的には、アテンションスパンの問題、しかし壊すことによって出現する純粋な身体という形式。不気味の谷は、超えるものではなくて、内在化させつつベールで覆ってやるものなのだ。そうすることで見る側の想像力を喚起して志向性を誘引する。ＡＬＩＦＥがなぜ荒川・ギンズのテーマと同じに見えて真逆になりがちなのかが、このとき初めて分かった。それは、ＡＬＩＦＥが生物と似せるために自己複製や自己維持などを与えようとするのに対し、荒川たちは、目も耳も鼻も口もみんな奪って、その後に残る「身体」という形式、あるいは生命性というものだけを純化して取り出そうとしたからだ。だから荒川の天命反転地は、形式＝建築としての身体あるいは生命が降り立つ場所なのだ。そしてＡＬＩＦＥも荒川アートも、目指すものは新しい人間の創造にある。そうした目的にこそ、すぐに「役に立つサイエンス」を超えた価値の創造がある。

謝辞：この機会を与えてくれた、山縣良和、坂部ミキオ両氏および東京農工大の宇野良子さんにとても感謝します。また、マヌカン・レクチャー製作に携わってくれた研究室の土井樹、升森敦、丸山典宏、筑波大の岡瑞起さん、株式会社ＺＳの田代郁子さんに感謝します。撮影は写真家の新津保健秀さんにお願いしました。サウンドは作曲家・アーティストの渋谷慶一郎さんにアドバイスを受けています。かれらの協力なくしては完成しなかった。深く感謝します。

Appendix

レクチャーの他の四つは、次のようなものだった。各々三分位ずつのセミナーである。

二番めに、**動く油滴**。生命性は動きの中にある。それを実証すべく、無水オレイン酸と高いpHの水溶液を混ぜ合わせて、動き出す油滴を発見し解析した実験。水和反応を起こして出来る両親媒質性の分子がミセル（内側に無水オレイン酸という油を包み込んだ球体で表面は親水部分でできた）ができる。これが内部の溶液に渦を組織化して、自律的に動き出す。それは原初的な知覚（化学勾配を検知）を伴うものである。

三番めは、**大きな群れ**（Boid）**の話**。ＡＬＩＦＥの初期からBoidは、群れの生成と飛行を三つの簡単な規則で説明出来るモデルとして知られている。その群れのサイズをGP/GPU（グラフィックボードを使ったマッシブ並列計算）で一〇〇万匹オーダーまで増やした時の新しい振る舞いについて報告した。

四番目に、**Mind Time Machine（MTM）の話**。これは半分アートとして作った現実世界に立ちあげた脳システム。意識とは持続のことだ、というベルクソンのコトバのままに、不安定性を維持し続ける三枚のスクリーンと十五個のビデオ（その三枚のスクリーンを取り込んで、かつ投影する）からなるシステムであり、ＹＣＡＭで二〇一〇年に展示した。

五番目は、第三項音楽。サウンド・アーティストの渋谷慶一郎と一緒に二〇〇五年にはじめたアート活動。五線譜と音符では表現できないサウンドの構造とパターンをプログラムから生成。サウンドインスタレーション（filmachine YCAM2006、Media Ambition Tokyo 2014）や、ライブ（HARAJUKU PERFORMANCE + 2010）などの活動を支えてきた思想である。

III

文化的環境

10

初期日本哲学における「自然」

相楽 勉

はじめに――ネイチャーと「自然」

今日「自然破壊」や「自然保護」が問題になる場合の「自然」は、natureなど欧米語の翻訳語として明治時代に定着した言葉である。だが、「自然」という言葉自体は、それ以前から「おのずからな」「おのずからに」という意味の形容詞ないし副詞として用いられてきたし、親鸞の「自然法爾」や老荘思想における「無為自然」というような際立った意味での「自然」を思い出す人も多いだろう。だから、この言葉が西洋語natureに充てられたことは、日本思想史上の一大事件とも言われる。ただし、問題はそれがどのような意味における事件だったかということだろう。

日本思想史家の相良《さがら》亨《とおる》は、この翻訳を許容した思想的土壌に注目する（『日本の思想　理・自然・道・天・心・伝統』ぺりかん社、一九八九年）。natureに「山川草木」「天地」「万物」などの言葉を充てることは十分可能だったのに結局「自然」に落ち着いた理由が問題だと言うのである。natureの語源から考えると、たしかにラテン語ナトゥーラnatura、ギリシア語ピュシスphysisにも「おのずから」生じるという意味はある。しかしそれらの語には「本質・本性」の意味も含まれるので、natureにおける「おのずから」とはいわば「本質・本性」に従った生成ということになる。ところが日本の「自然」にはこの本質に従うという意味はなく、それはただ人間の思惑を超えた無窮の生成を意味し、その暗黙の主語が「天地の自然」と看做される限りで「自然」が名詞natureに充てられたと相良は推察するのである（同書、四七頁）。

たしかに、古代ギリシア人が「コスモス」「ロゴス」と呼んだもの、あるいは科学が発見する「自然法則」のようなものを自然の核として立てることは、日本の「おのずから」には疎遠であるかもしれない。ただ相良の考察の主眼は、西洋文化に出会っても揺るがない日本古来の自然観を見極めることにあり、西洋の思想的伝統に出会ってどのように影響を受けたのかという側面は度外視されてもいる。本稿で論じてみたいのは、むしろこちらである。

そこで改めて明治以前における西洋的自然観との接触と葛藤を振り返ってみると、その始まりは少なくともザビエルに始まる宣教師たちの布教活動にまで遡ることができる。彼らの宣教活動はいわば日本人の天地自然に対する見方の転換を図ることから開始されたとも言える。江戸時代に入ると彼ら宣教師たちと当時の日本の知識人の代表格であった儒学者たちと間の論争があり、また新井白石による宣教師シドッチの取り調べもあった（『西洋紀聞』）。それらを通して、その後の日本における西洋的自然の受容の仕方が定まっていった。結局のところ、幕政下における西洋文化の受け入れは、西洋の自然科学の方法や成果を「洋学」として受け入れつつも、その背景にある自然観など精神文化の受け入れは拒むというものであった。そして江戸時代の精神文化の主な担い手は、儒学者や仏教学者であった。

さて、それに対して、開国をきっかけとして幕末から明治時代にかけて西洋の精神文化の受け入れが始まり、それが新たな日本文化の形成にかかわってくる。その一つの重要な手がかりが、西洋的学の起源であるphilosophy（フィロソフィ）の受容と展開にあり、またそれに伴う西洋的「自然観」との新たな出会いにあると思われる。

本稿ではまず、「フィロソフィ」に最も早く関心を示し、この学を「哲学」と翻訳した西周《にしあまね》に注目したい。それは彼が儒学者としてこの学に出会い、それとの対峙において新たな時代の学の体系を構想した人物だからでもある。西は自然科学に範を取ったコントの実証主義哲学に影響を受けると同時に、科学知を人間の精神的あり方に媒介するという課題を設定することによって、西洋的自然観のもう一つの側面、つまり人間本性human natureとのかかわりにおけるnatureという問題にも触れていた。この問題意識は、その後東京大学に招かれた外国人教師たちや留学経験を持つ日本人教師による講義の受講者たちによって展開された初期日本哲学にも受け継がれることになった。その最初の哲学的立場とも言うべき井上哲次郎の「現象即実在論」、そしてその問題意識を「純粋経験」という独自の立場から実効性のあるものにした西田幾多郎の『善の研究』を、新たな自然観の生成という観点から読み直してみたい。

1　西周にとっての「自然」

若き日に荻生《おぎゅう》徂徠《そらい》に傾倒した儒学者だった西周が西洋でフィロソフィphilosophyと呼ばれている学に関心を持ったのは、彼が江戸に出て幕府の蕃書調所《ばんしょしらべしょ》に勤務していた頃に遡る。当時の書簡の一通において「ヒロソヒ」を「西洋之性理之学」と紹介し、また津田真道《つだまみち》の著「性理論」に寄せた跋文（文久元年、一八六一年）においては「希哲学」と訳している。この賢哲たることを希うという意味の訳語は、フィロソフィの語源であるギリシア語フィロ・ソフィア（知の－愛好）を踏まえたものである。

その後のオランダ留学を経て西のフィロソフィ理解も深まっていった。「西儒」すなわち東洋の儒学に相当する西洋の学であるという理解から、さらに『百一新論』（一八七四年）における「百教一致」の方法、すなわち儒教や仏教など「人ノ人タル道ヲ教フル」諸々の「教」を統一する方法という評価に達する。そしてこの著において、フィロソフィはついに「哲学」と訳されるに至った（『西周全集』第一巻を参照）。

では「百教一致の方法」とはどういう方法か。それは西が儒学には見いだせなかった実証主義的方法と解される。西は「教」をラテン語の「もす」(mos)、英語の「もれる」(moral)、ドイツ語の「しつつ」(Sitte)などに相当するもの、つまり道徳や倫理など人心や行動規範にかんする教説と捉える。そして諸「教」の一致点を明らかにするために、まず「観行ノ二門」を分けて論じることを提案する。「教」が行動規範を教える側面が「行門」であり、それは人間の「性理」(本性)に基づく限り「物理」すなわち自然法則の知とは区別される。だがその「性理」を客観的に考察する「観門」も必要であり、その際には「物理」を参考にすべきだと西は考える。なぜなら、人間も「天地間ノ一物」、つまり自然的存在だからである。そして西は、「観門」の考察を「行門」に生かし、「天道人道」を解明して「教」の方法を確立するのが「哲学」なのだと結論付けているのである。

ここで「観門」における「物理」とは、まさに生理学や生物学の対象としての人間という自然のことだろう。そして、そのような「物理」としての自然にかんする知を倫理的な実践知に媒介するところに、「哲学」という新たな学の可能性を見出したと解されるだろう。しかしながら、実は西にとっての「自然」はたんに「物理」の範囲内に限られるものではない。そのことは遺稿となった『**百学連環**』に示されている。ここで「ヒロソヒー」(哲学)には、「Logic(到知学)」「Psychology(性理学)」「Ontology(理體学)」「Ethics(名教学)」「Political Philosophy或はPhilosophy of Low(政理学ノ〔哲学〕、法哲学)」「Aesthetics(佳趣論)」という六部門があるとされている。確かにこれは常識的な区分とも言えるが、この区分によって西は何を考えたのだろうか。一連の説明の末尾に挙げられる次の文章は重要だ。

凡そ知(know)は智(intellect)より知り、行(act)は意(will)より行ひ、思(feel)は感(sensibility)より思ふものにて、此六ツを性理にて分ち、真(true)、善(good)、美(beauty)の三ツを以て哲学の目的とす。知は真なるを要し、行は善を要し、思は美を要するものにて、知を真ならしむるものは到知学(Logic)にあり、行を善になすものは名教（Ethics）にあり、思を美にするものは佳趣論（Aesthethics）にあるなり。（『西周全集』第四巻、一六八頁、西が念頭に置いた英語を文中に挿入した）

この文において「観行ノ二門」の統一は「真善美」の統一と考えられているが、それは「知」を真とする「到知学」、「行」を善とする「名教（Ethics）」、「思」を美にする「佳趣論（Aesthethics）」という三部門の統一でもある。残り三部門については明記されていないが、「知」「行」「思」のいずれかに関わると考えることは十分可能だろう。ここで特に注目したいのは、「真善美」の統一が、単に知的真理と意志における善への希求のみならず、「思における美」の希求でもあることが表明されていることだ。それはまた「物理」としての自然は、「智」によって知られるのみならず、「意」や「感」によっても理解されねばならないということを含意している。西が「佳趣論」と名づけているのは、一八世紀にバウムガルテンによって提起され、カントが批判的に継承し、今日では美学と呼ばれているものである。西はこの分野に関して「**美妙学説**」という短い講演録を残しているが、そこでの思索にまさに「意」と「感」による「自然」の経験が語られているので、そのいくつかの論点に注目してみよう。

西はここで以前「佳趣論」と訳していたaesthethicsを「美妙学」と訳し直し、「所謂美術《ハインアート》ト相通シテ其元理ヲ窮ムル者ナリ」、つまり芸術を媒介として美の原理を論じるものと紹介している。しかしながら、西の関心は芸術批評よりも、美醜の判断や美的洗練が人間性にとって持つ意義の探究にある。「人ノ性上」には「道徳ノ性」や「正義ノ感覚」があって、善悪を区別し正邪を見分けて自制したり他者を制止したりできるが、さらに「美醜ヲ辯スル元素」も「野蕃ノ域ヲ離ル」（文化的洗練を得る）ことで社会に大きな影響を与える、なぜなら道徳の求める「善ナル者」はおのずから「正」であり、その姿は「美」であるからだと西は言う（『西周全集』第一巻、四七九頁)。

この「美」の感受性の議論は、自然を「物理」とは異なるものとして経験する可能性を示している。たとえば「美妙学説　其二」では、「美妙学ノ元素」(美を感じさせる要素)を「物ニ存スルノ元素」と「我ニ存スルノ元素」に分け、後者である「吾人ノ想像力」は他の動物にはない人間特有のものであると言っている。たとえば、蝶は「名画ノ牡丹」を見ても蜜を吸おうとしないが、言葉を解する「小児」は「鬼ノ画」を見て怖れて泣くこともありうる。つまり、人間の「想像力」にとって「自然」は、蝶にとってのそれとは異なるのだ。この「想像力」は成長につれて発達を続けやがて「道徳上」と「美妙学上」で無限に働くようになると言うのである(『西周全集』第一巻、四八三頁)。

さらに、「想像力」の「五官」との結合を「**異同成文**」という魅力的な言葉で捉えているのが「美妙学　其三」である。「凡テ天地間萬物ノ文章アルハ、異中ニ同アリ、同中ニ異アルヨリ起生ス」、すなわち、この世における優れたものは、異なったもののうちに一つの同じもの、一つに見えるものの内に多様なものから見出される、たとえば自然の「木葉、花弁、鳥の羽根」というような各々異なった多様な形態のうちに同一の秩序を感じ取る時に美を見出すと言う(四八六頁)。これは自然の物理法則を見出すのとは異なる自然経験であって、それは変化と統一を感じ取る私自身の想像力の広がりに依拠するものだ。たとえば「詩歌」にしても、「同シ平仄(ヒョウソク、配列)、起承転合」であっても「奇變アリテ趣向各異ナレハ愛スヘシ」となるのであり、音楽ならば「同一ノ音調、同一の間歇」のうちに音の高低、「間歇」(リズム)の急変、曲調があってはじめて聴くに堪えるものとなると言う。

このいわば自然のリズムに対する感受性を表現する言葉が「面白シ、可笑シ」の二つだけと論じるのが最後の「美妙学説　其四」だ。その理由は、それら二つのみが「喜怒哀楽愛悪欲ノ七情ナトノ如キ己ノ利害得失ト相関シテ発スル者」ではないからだと言う。これはカントの「美の無関心性」という論点にかかわるもので、「美妙学上ノ情」は「是非ノ外ニ在ル」、即ち物の良し悪しの判断とは無関係であることが重要だ。自分の利害得失に基づく判断を離れるだけではなく、善悪正邪という道徳的法的観点からも一旦離れて「同中ニ異アリ異中ニ同アリ、規則ノ中ニ変化アリ変化ノ中ニ規則アリ」と状況全体の現れを感じることが、まさに人為を離れた自然に近づく道と解することもできよう。さきほど言ったように、「善ナル者」はおのずから「正」であり、その姿は「美」であるからだ。

これら西の議論から見て取れるのは、西が西洋的「自然」を単に「物理」に関する実証主義的理解からのみならず、美的感受性の議論を通じて倫理的観点をも含む精神的広がりにおいて理解していたということだ。この「自然」は人間の自然本性(humannature)にかかわるものでもあるのである。

さて、このような西の「哲学」とそれに基づく自然理解を念頭に置いたうえで、西の後裔たちの「哲学」研究の中で「自然」問題がどのように考えられていったのかを見て行くことにしたい。

2 井上哲次郎の「現象即実在論」から考えられる「自然」経験

西の『百一新論』が公刊されたわずか三年後の明治十年(一八七七年)に東京大学の文学部が開設されるが、そこに早くも「哲学」講義が設置され、後に日本人初の哲学教授となる井上哲次郎が入学している。さらに四年後の明治一四年(一八八一年)には文学部哲学科が設置され、井上円了がこの学科の初の所属学生として入学した。彼らと同時期に学んだ三宅雄二郎や清沢満之《きよざわまんし》、また彼らの後輩である大西祝《はじめ》らも官学における最初期の哲学学徒であり、日本における哲学研究の初期の担い手となった。彼らが学んだ「哲学」は、東京大学が招聘したフェノロサをはじめとする外国人教師に多くを負っていたが、彼らに共通する問題意識は、西周による哲学受容と多くのかかわりを感じさせるものである。

この初期の日本哲学のうち、ここで取り上げたいのが井上哲次郎の「現象即実在論」だ。それは、船山信一『明治哲学史研究』（一九六五年）の中でこの時期の哲学学徒の多くが共有していたものと論じられて以来、初期日本哲学を特徴づける哲学的立場と見做されてきた。しかしながら、それは十分に確立された立場とも言い難いものである。ただ、彼らの「実在」への問い、あるいは「現象即実在」への問いは、西周において暗黙の裡に問われていた「自然」への問いの続行のように思われる。そのような観点から「現象即実在論」を捉えなおしてみよう。

そもそも井上哲次郎のいう「実在」とは何か。「実在論」が「唯心論 Idealismus」に対する Realismus の訳であることからして、「実在」が reality の訳であるのは確かだが、reality とは物体的なものの感覚的経験を指すわけではない。むしろ reality それ自体は認識できない「観念」だと言われるのである。彼の最初の著作である『倫理新説』においては、次のように説明されていた。

> 我ガ身ニ接近スル凡百ノ物ヲ観察スルニ、我ガ官能ニ触ルル者ハ、止止其形色ト性質トノミニテ更ニ其実体（リヤルチー）ヲ知ルコトヲ得ス、物ノ実体ハ幽奥ニシテ、常ニ現象ノ裏面ニ在リテ、我レニ之ヲ知ルノ官能ナキナリ、（『明治文化全集第二十三巻　思想編』昭和四年、日本評論社、四一九頁から引用、傍点は筆者による）

つまり、われわれが直接観察できるのは物の「形色ト性質」であり、それらの現象の内奥に潜む物の「実体」

（reality）は認識できないと言うのである。なぜなら、このrealityはスピノザの「本体（substantia）」やカントの「物自体」と同位の根本概念だからである。しかしながら、後年の論文「**現象即実在論の要領**」においては、「実在の観念は現象に就きて徹底せる考察をなし、其還没する處より一転して到達するを得べきなり」（「要領」、三八一頁）と言われている。つまり、直接経験される「現象」の徹底的分析を通して、「実在」（reality）の直観を獲得する方法が「現象即実在論」なのである。この「即」とはいったいどういう事態なのだろうか。

まず哲次郎が現象に関する「科学的研究」のみに依拠した「コント氏が取る所の主義」即ち実証主義批判から議論を始めていることに留意したい。自然科学は現象のみを研究対象とし、そこから世界を解釈するにとどまるが、哲学はその範囲を超えて「一層高大なる着眼点」から世界の深淵に迫るものなのだと哲次郎は言う。自然科学による哲学と自称する実証主義は、哲次郎からすると両者の職分を混同した「謬見」に過ぎないのだ（「要領」、三八六頁）。では哲学本来の課題である「実在」への到達はいかにして可能だろうか。

この論文において哲次郎は「主観上」「客観上」「論理上」という三つの方面から「実在」に到達する可能性を論じている。主観上の考察とは、外界の現象からではなく、「心的現象」から「心的実在」に到達する可能性の考察である。自分の心を観察するなら、私たちはその時々の「心的現象」に出会うが、それは「断続」しているとも言える。そこに一貫した「精神」を見るのは、「常住の心的実在の観念の補合」によると哲次郎は言う。その人の「人格」があると考える限り、諸々の「心的現象」の裏面に「心的実在」を認めざるをえないのであり、むしろその時々の「心的現象」の方が心の実在の「特殊の状態」と考えるべきなのだ。この「心的実在」の認識は、「心的現象」の心理学的分析とは別の仕方、すなわち内面的考察による「直接理証」の事柄であり、それは「顕著なる精神的発達」を要す難事でもあると言われる（「要領」三九六頁）。

そこで次に「客観上」からの到達という第二の道が考察される。これは「客観的対象」について「科学者と一様の研究」をしながら、さらに「差別の還没する所より一転して実在の観念に到達する」というものだ。哲次郎は「視覚の対象」を例に挙げる。「視覚の対象」はすべて「色彩」を持つが、その色彩の「差別」は「常住不変」ではない。例えば「ニウトン氏の試験法により七色の図面を回転すれば、七色は忽ち還没して一箇の白色となる」（「要領」、四八五頁）。つまり、個々の色は実は「一箇の白光より分岐せるもの」であり、光の現象にすぎない。色彩にせよ音響にせよ、我々が「感官」によって受け取るものは「現象のある状態」であり、むしろそれが基づく「実在」の覚知によって個々の現象を一つの現象として認識できるというのである。さらに、あらゆる感覚現象を「一層単純なる状態」に還元していけば、「世界を無限の通性」（＝普遍妥当性）として考えることができ、遂には「自然」一般の客観的実在に達するというのが哲次郎の構想なのである。

　しかしながら、哲次郎はこの方法の困難をも同時に指摘する。現実の自然科学は観察する「現象」の根拠を成す多くの「理法」を見出し、それらをより包括的な法則に従属させて、そこに「客観的実在」を見ようとするが、それはどんなに普遍的な理法に見えても「現象界」に囚われることになり、真の「実在」に達しないと言うのだ。彼らが求める「客観的実在」はより広汎な「理法」（＝法則）に包括される可能性を持っているのであり、それは「差別」の世界に留まるものだ。「差別の還没」のためには「内部に於ける直観」に達しなければならないということが示唆されて論文は締めくくられる。

「現象」を通じて直観される「実在」とは結局何だろうか。内面的に省察される「心的現象」であれ客観的に分析される物理的な「現象」であれ、直接観察される「現象」を支配する法則ないし本質というわけではなさそうだ。分析を通じて法則を見出すだけなら「現象界」に囚われたままであると言われていた。哲次郎は「現象」の「差別的」分析を超える「実在」の直観を求めるのだ。「心的実在」の直観とは「心的現象」が「一時に消失して無差別に帰する」経験であり、それは「獨り静坐して何等の事をも思惟せざる時」に起こりうると哲次郎は示唆した。しかしながら、このような事柄の指摘は、哲学的洞察とは別の話ではないだろうか。少なくとも、「現象即実在論」において何らかの経験ないし経験の展開が問題になっている。それをいかに洞察し語るのか、そこに大きな課題がある。哲次郎は「要領」論文の四年後に「認識と実在との関係」（一九〇一年、明治三四年、以下「認識」と略記）という題で、「要領」論文で論じきれなかった「主観上の方面」からの「主観的実在」直観、さらにはそれと「客観的実在」との区別以前の「一如的実在」を、「主観客観」の区別を生み出す「活動 Thätigkeit」（一四六頁）を想定することによって説明しようとしている。だがしかし、ドイツ観念論との関係をうかがわせるこの説明も、まだ決め手を欠いているように思わざるをえない。

哲次郎の「実在」探究は、「物理」と「心理」の統一を求める西周の問いと関連を持つ。「現象即実在論」は、「自然科学」を「実在」への到達のための不可避の道筋と認めながら、それをわれわれが生きる「実在」経験に統合することを目指すものだったのだろう。いわば「自然」を単なる対象としてではなく、われわれ自身もそこに没入したものとして経験する道筋なのだろう。「自然」を自分が身を置く実在として直観することへの欲求は、最初に言及した相良氏の「自然」理解と通じるところがある。それだからこそ、「現象」の探究を通じての「実在論」というスタンスが取られたのだろうと思われる。それでも、「自然」の実在は語ることが困難な課題だった。この「実在」という難問が、なんらかの出口を持つものなのか。それを、明治時代の終わりに書かれた西田幾多郎の『善の研究』にうちに探ってみよう。

3　西田幾多郎の「純粋経験」論における「自然」経験

西田幾多郎の『善の研究』は明治四四年(一九一一年)に刊行されたが、この頃にはnatureの翻訳語としての「自然」もすでに定着していた。この著において「自然」はまず第二編第八章のタイトルとして登場し、それは次章「精神」との対をなしている。これは当然西洋における自然と精神の区別、あるいは「物体現象」と「精神現象」の区別を意識したものだろう。だが、それは西田がこの区別をそのまま受容したというよりも、それらの区別の意味を西田の立場から解釈し直そうとしていると思われる。

さらに、第三編第三章において、「意識の自由」ということを「自己の自然に従う」ことに求めている(西田幾多郎『善の研究』岩波文庫、二〇一二年改版第一刷、一五三頁)。この「自然」は第三編第九章で「意識の内面的必然」(一八七頁)と言い換えられることからして、自己の人間的本性という意味だろう。そして、同章の終わりで、この本性である「意識の根底たる理想的要素」は「自然の産物」ではないので「自然法則の支配は受けない」とまで言われているのである(一五四頁)。「自己の自然」に従うことは物理的な「自然法則」に従うことではないというところに西田独自の「自然」の考え方が示唆されている。

このような解釈は当然ながら、「実在」に関する西田独自の思索から出てきたと思われる。この著で最も早く書かれたとされる第二編「実在」は、おそらくは哲次郎が構築しきれなかった「実在論」を実現しようとしている。その鍵になるのが「直接経験」への立脚なのである。

この第二編において、西田は「実在」の議論に先立って「直接の知識」を論じている。真の実在を求めることは「疑うにも疑いようのない直接の事実」から始めるべきであるが、それは「我々の直覚的経験の事実即ち意識現象についての知識」だと言う(六六頁)。この「直覚的経験の事実」は哲次郎の「現象」とは意味が異なっている。哲次郎の「現象」は、心的であれ外的であれ観察され分析されるものだった。そして「実在」はそれとは別に「内的直観」されるのだ。西田は現象と実在の経験上の区別から出発すること自体を拒むのである。

もちろん最初のあるいはその時々の「直覚的経験の事実」が十全な「実在」であるというのではない。むしろ、西田はいわば「直覚的経験」は展開し増大する、従って「実在」も展開し拡張すると考えるのである。赤子にとっても「直覚的経験」が「実在」なのであり、経験の更新につれて実在（リアリティー）がより広く大きなものに形成されていくことになる。

「直覚的経験」の展開は、「意識の体系」論という形においても論じられる。そして、「実在」の展開と体系に関する第二編の議論を終えたのちに、西田は改めて第一編に当たる部分を書き、「現象即実在論」ではなく「純粋経験」を自らの立場として表明した。「純粋というのは、毫も思慮分別を加えない、真に経験其儘の状態をいうのである」（一七頁）。それは、たとえば「色を見、音を聞く刹那」の経験、「この色、この音は何であるという判断すら加わらない前」の経験であり、そこでは「未だ主もなく客もない、知識とその対象が全く合一している」（一三頁）。西田は「現象」の反省的分析から始める「現象即実在論」を避け、「意識」の自発自展の体系として実在の知の生成を考えようとしている。「意識の体系というのは凡ての有機物のように、統一的或者が秩序的に分化発展し、その全体を実現するのである」（一八頁）。西田の「意識」は「私（の意識）」を超える概念であり、「私」の意識がその展開の一面であるような「意識」と言える。西田は「個人的意識」は「社会的意識」の一部だと言うが（二一二頁）、さらに西田が「唯一実在」を問題にする限り、西田自身は明確に名づけないが、個人的意識と社会的意識を超えて是を包含する意識があり、その展開の一部が前二者ということになるだろう（九七頁以降参照）。

さて、このような西田の「純粋経験」の立場からすると、「自然」はどのように理解されるだろうか。当然ながら、「直覚的経験の事実」としての自然がまず問題になる。自然科学の「純機械的説明」において考えられる「純物質」とは、西田からすると、「単に空間時間運動という如き純数量的性質のみを有する者」であり「全く抽象的概念」であって「直観的事実」ではない。西田の考える「真の自然」は、われわれが日々親しく触れて感じている通りの事実、「動物は動物、植物は植物、金石は金石、それぞれ特色と意義を具えた具体的事実」である。それは分析によって知られる自然法則に従う機械的自然ではないということなのだ。そういう直覚的事実の経験は「情意」に基づくものであることは明らかだが、そういう「自然」の経験について、西田は次のように述べている。

真に具体的実在としての自然は、全く統一作用なくして成立するものではない。自然もやはり一種の自己を具えているのである。一本の植物、一匹の動物もその発現する種々の形態変化および運動は、単に無意義なる物質の結合および機械的運動ではなく、一々その全体と離すべからざる関係を持って居るので、つまり一の統一的自己の発現と看做すべきものである。（一一三頁）

自然にも「自己」があるというのは擬人的表現のようだが、「意識の体系」という考え方と矛盾するものではない。「自然の生命である統一力は単に我々の恣意に由りて作為せる抽象的概念ではなく、かえって我々の直覚の上に現じ来る事実」（一一五頁）だからだ。つまり、われわれが日にし触れている自然から感じている、それ自身から展開する自然の統一力は、「我々の主観的統一」がそれに従う統一力と一致するからということになる（一一五頁）。

もちろんこれらの説明は、「自然の生命である統一力」などの表現にみられるように、曖昧な言葉のイメージに頼ったものという批判を受けるかもしれない。西田も哲次郎と同じく「実在」を事態に即して論理的に説明する手立てをまだ十分に持っていないとも言える。しかしながら、「自然にも自己がある」という言う時の「自己」を、自我意識という意味を超える広がりにおいて、まさに「情」的統一において把握し直す余地はあるだろう。この次元を語る「論理」をその後の西田は求めていくことになる。

結びに代えて

結局、相良氏が日本的「自然」には含まれないと言っていた、西洋的自然の「本質・本性に従う生成」という側面は、西周、井上哲次郎、西田幾多郎という初期日本哲学の三人の担い手によってどのように受容されたことになるのだろうか。

西周は「物理」としての自然の考察を「哲学」に不可欠のものとして受け入れる一方で、「想像力」によって外なる自然を自らの内なる自然と一致させることを考えていたと思われる。井上哲次郎が求めた「実在」(reality)は、科学的に分析される客観的自然を超える自らにおける「自然」の経験として理解することもできるだろう。そして、西田幾多郎はこの「実在」問題を「純粋経験」と捉えることによって、単に自然科学的であるだけではない自然の理解に到達しようとしているようにみえる。

彼らに共通するのは、自然を客観的認識の対象として認識することを受け入れながらも、それをまさに「おのずから」の無窮の生成として経験することを目指す点にあるとも言えよう。そこにある葛藤が、日本における「哲学」をさらに前に進める原動力となっていると解することもできる。本来の「自然」というのは、そういう道の先に求められるものでもあるのだ。

11

南方熊楠・説話研究と生態学の夢想

田村 義也

1　南方の「エコロジー」

南方熊楠（一八六七～一九四一）は、「エコロジー」ということばを日本で最初に使った人物だ、といわれることがある。

この言い方は、実は正確ではない。にもかかわらず、明治日本の言論空間における「エコロジー」ということばの登場が、南方熊楠という人物の存在感と結びつけられてしまうことには、それなりの理由がある。

南方が、その言論活動の中で「エコロジー」ということばを使った例としてしばしば引き合いに出されるのは、明治末年のいわゆる「神社合祀政策」反対運動の過程で記されたいくつかの文章である。たとえば、紀南の照葉樹林の好例として彼が生涯をかけて保全のために活動した神島（一九三〇年に県の天然記念物、一九三五年には文部省指定天然記念物）について、柳田国男へ宛てた一九一一年八月七日付け書簡で南方はこう記している（『全集』八巻五九頁）。

（…）このほか実に世界に奇特希有のもの多く、昨今各国競うて研究発表する植物棲態学 ecology を、熊野で見るべき非常の好模範島なる（…）

また、神社合祀政策を推進していた和歌山県の川村竹治へ宛てて、神社林保全のために合祀を差し止めることを求めて記した書簡（一九一一年十一月十九日付、草稿が全集に収録されている）には、こんなくだりがある（『全集』七巻五二六頁)。

御承知ごとく、殖産用に栽培せる森林と異り、千百年来斧斤を入れざりし神林は、諸草木相互の関係はなはだ密接錯雑致し、近ごろはエコロギーと申し、この相互の関係を研究する特種専門の学問さえ出で来たりおることに御座候。

これらの、一九一一年の書簡で南方が使った「エコロジー」のことばは、時の東大教授三好学(一八六一〜一九三九)の教科書的著作を参照すると、その中で「生態学」ないし「生態」ということばによって説明されている考え方に、ほぼ従っていることがわかる。南方の旧蔵書に含まれ、南方が依拠したと思われるのは、東大教授三好学の著書『新編植物学講義 下篇』(一九〇五年)である。

三好は、一八九一年から一八九五年までドイツ(ライプツィヒ大)に留学し、帰国後ただちに東京帝大理学部教授となった人物で、それ以降精力的にドイツの生物学を祖述する教科書的著述を刊行している。それは、ヨーロッパにおいて生態学という学問が勃興しつつあった時期にあたっており、彼の『普通植物生態学 上篇』(一九〇八年、下篇は刊行されなかったらしい)は、その「序」において、「生態学(Ecology)」の語を、形態学および生理学と併置されるものとして導入している。生物学を、これら三部門によって構成するのはエルンスト・ヘッケル流のドイツ生物学の根本思想であった。「生態」および「生態学」という翻訳語を作った人物である三好学[*1]こそが、新興の学問領域だった生態学を日本へ紹介するという、重要な史的役割を担った人物なのである。

ただし、この『普通植物生態学』は、南方熊楠の旧蔵書中に名前が見えず、彼が同書を読んだことがあるかどうかは確認されていない。一九一一年までの三好の著書で、南方の旧蔵書中に含まれ、彼が利用したことがはっきりしているものとしては、以下の三点四冊が『南方熊楠邸蔵書目録』にみえる（記号は同書の目録番号）。

［和 440.10-11］『新編植物学講義』上下　一九〇五年（南方旧蔵書は、一九〇六年の三版）
［和 440.44］『日本高山植物図譜』第一巻　一九〇六年（三好と牧野富太郎の共著）
［和 440.08］『実験植物学』一九〇九年

このうち『新編植物学講義』上下二篇は、南方の旧蔵書（南方熊楠顕彰館蔵）は水ぬれによる汚損が甚だしく、書き込みなど南方による利用の痕跡を確認するのが困難なのだが、国会図書館所蔵本などでその内容をみると、南方の上記引用箇所と平仄の合う記述を見つけることが出来る。

具体的に引用しよう。同書の下篇第五章「植物の分類及び分布概論」以下において、植物分布を論ずる中で「生態学」の概念が導入され、第七章「植物の生態分布」および第八章「植物相互並に動植物相互の関係」では、「植物群落」の概念を、生態学の観点から説明している。第七章「植物の生態分布」が、すなわち植物群落論なのだが、これに先立つ第六章「植物の地理分布」の冒頭「地理分布と生態分布との区別」の節で、三好はこう述べている（同書四一一頁）。

現時に於ける植物の分布を攻究するには二種の着眼点あり、即ち其一は植物が外囲の状態（例　日光の強弱、水分の多少）に適応せる自然の群落を区別するものにして之を生態分布と云ひ、其一は之に反し、各地に固有なる植物の全群を地理上より区別するものにして之を地理分布と云ふ、さらに続けて、「生態的植物分布学」の発達が当時なお日が浅く、ダーウィンの進化論提唱（『種の起原』初版は一八五九年）以降のものであること、「ワルミング」（Eugenius Warming, 1841〜1924）がその著「生態的植物分布」（*Plantesamfund* デンマーク語『植物生態学』、一八九五年）において「植物群落」の概念により生態を論じたことを述べている。なお、エミール・クノープラウフ Emil Knoblauch による同書のドイツ語訳 *Lehrbuch der ökologischen Pflanzengeographie*（生態学的植物地理学教本）は一八九六年に刊行されており、これは三好の帰国後のことである。

ここで、今日の眼から振り返っておけば、ヴァーミングの「植物群落」の考え方は、やがてクレメンツ（Frederic Clements,1874〜1945）の『植物遷移 *Plant Succession*』（一九一六年）において、自然界における生物群落（個体群）の基本単位であるバイオーム Biome という概念に一般化され、さらにタンズリー（Aurthur Tansley, 1871〜1955）の記念碑的な論文"The use and abuse of vegetational terms and concepts"（一九三五年）において、生態系 ecosystem という語が提唱され、これが広く受け入れられることになる、というのが、生態学の確立について通常なされる説明である。

この『新編植物学講義』は、三好が一八九九年に刊行していた『植物学講義』の増補版にあたり、上に名前を挙げた『普通植物生態学』に先立っている。彼は、ヨーロッパでもまだ黎明期にあった生態学について、帰国後も日本からその進展を追って、速やかに且つ積極的に日本語で紹介していたのである。

その『講義』下篇第八章「植物相互並に動植物相互の関係」の冒頭には、次のような文章がある（同書五三五頁）。

> ［…］植物の生活は決して単一特立のものにあらずして、其実外囲と複雑なる関係あるを認むるに至らん、［…］殊に同類植物間に於ては一層密接なるを見る、今本性に於ては先づ植物相互間の関係を説き、次で動植両界間の関係に移らんとす、

先に引用した川村和歌山県知事宛て書簡で南方が「諸草木相互の関係はなはだ密接錯雑致し、近ごろはエコロギーと申し、この相互の関係を研究する特種専門の学問さえ出で来たり」と述べていたのは、六年前の一九〇五年に刊行された三好の教科書のこの記述を踏襲したものとなっている。なお、同書の巻末附録「植物学述語対訳(独語和訳)」では、「生態学」の語をドイツ語の原語 Oekologie に当てている(附録二九頁)。南方の蔵書からは、彼が生態学の分野の読書をドイツ語でしていた形跡が見当たらず、彼が「エコロギー」ということばを県知事宛て書簡で使ったのも、三好の著作によったものと思われる。

南方熊楠がこれら一連の書簡を書いたのは、当時和歌山県下で進行中だった「神社合祀」推進の地域行政に対し反対する活動のさなかのことである。日露戦争(一九〇四〜一九〇五年)終結後、莫大な戦費負担による財政状況の悪化に直面していた日本政府は、行財政改革を進める必要に迫られていた。その一環として、地方行政の改革が進められる中で、一九〇六年からは「一村一社」すなわち一行政村に一神社を配する、神社の統廃合が推進されることとなった(この時代、神社神道は内務省神社局の管轄である)。前近代の自然村は、近代の行政村内では「大字(おおあざ)」などになるが、この神社合祀推進政策のために、伝統的には各自然村ごとに祀られ、地域生活の核となっていた神社が統廃合されて、地域社会のあり方に大きな影響を与えることになっていく。

南方は、一九〇九年から、この神社合祀政策に対し強硬な反対の活動を展開した。その際の彼の主張は多面的で、生物学者としての観点から地域社会の利害および史跡的価値ある文物の保全にまでおよぶ、広範にして茫漠たるものとなることがしばしばあったが、生物学的な観点からの彼の議論の眼目は、保全に値する生態系が神社林であるからこそ維持されている(那智大社の神域のように)ということであった。いわゆる「南方二書」(東大教授松村任三宛ての意見書簡二通を、柳田国男が冊子に印刷し配布したもの、一九一一年)など、一連の「神社合祀反対」の言論活動を通じて南方は、神社林でなくなった山林が営利目的で伐採換金されることを指弾して（巨木は狙われ、利潤性の低い樹木はほおって置かれるとも述べている）、稀少貴重な紀南の生態系を破壊から守る手段としての神社林維持の必要性を強く主張している（『原本翻刻　南方二書』）。

拾ひ子谷（東西牟婁郡の間八十町に亘る、熊野で今日古熊野街道の面影を百分の一たりとも忍ばしむる所は此処あるのみ。［…］大学目録に野中とあるは此谷のことなり。宇井縫蔵が近く見出せしキシウシダ、小生発見の葉のなき熊野丁子ゴケ、また従来四国で見出し居しヤハズアヂサイ、粘菌中尤も美艶なる *Cribraria violacea*、其他小生一一おぼえぬが、分布学上珍とするに堪たるもの甚多く、且つ行歩少しも嶮ならぬ故、相応の保護を加へ、一層繁殖させなんには、甚しき植物学実察をなすに好適の地なり。この拾ひ子谷の外に、田辺より本宮に行く間に、今日雑樹林の繁茂せる所とては半町もなし。少々あるは例の杉林にて、杉林の下には何とて珍しき植物なきは御存知通り也）

［…］

而して前に申す雑木林乃ち希珍の植物多き部分は、シデ、ミヅウメ（欅《けやき》の一種）、サルタ（ヒメシヤラノキ）等あまり利にならぬもののみ故、今もそのまま置きあり。

南方は、おそらく三好による積極的な紹介を通じて、二十世紀初頭のドイツ（ヨーロッパ）生物学における新潮流であった「生態学」ないし「生態分布」という新概念をよく理解していた。今日風に言い直せば、生物多様性に富む植物相を抱える生態系を保全すべしという彼の議論は、そのことに支えられていたのであり、いわば後世の人間にとって共通認識となっていく思想を、その発生期において先取りして述べていたために、後世のわれわれにも理解しやすいのである。

三好学は、この「生態」という観点と関連して、ドイツにおける自然保護思想の紹介および日本におけるその制度化についても、南方の先輩格にあたっている。一九〇六年、学術誌『東洋学芸雑誌』に発表された「名木の伐滅並に其保存の必要」（のち『天然記念物』、一九一五年に収録）で、その新潮流を紹介した三好は、翌年には「天然記念物」という訳語を作ることになり、史蹟名勝天然記念物保存協会の中心メンバーとして、政府によるこの思想の制度化を推進することになる。これは、旧紀州藩主宗家の徳川頼倫《よりみち》を会長にいただいた会で、南方もその活動において大いに頼りとした。

このように、ヨーロッパにおける新思潮の翻訳紹介においてきわめて重要な役割を果たした三好学は、しかしながら社会的な知名度の点で、今日では南方にかなり遅れをとっているようだ。このことについては稿を改めて論ずべきことがいくつかあるが、[*2] ひとつには、「記念物 Denkmal」ということばに表れているように、三好が主導した史蹟名勝天然記念物保存協会の自然保護思想は、顕著な特徴をもつ個別の存在を指定し、顕彰することで保全するという考え方のもので（今日に至るまで、天然記念物や国立公園の制度の根底には、この傑出した個別性を重視する思想があるようだ）、南方が紀南の神社林について唱えた、広域の生態系を保全することに意義を認める主張とは力点や方向性が異なっているように思われる。

この島の草木を天然記念物に申請したのも、この島に何たる特異の珍草木あってのことにあらず。この田辺湾固有の植物は、今や白浜辺の急変で多く全滅し、または全滅に近づきおる。しかるに、この島には一通り田辺湾地方の植物を保存しあるから、後日までも保存し続けて、むかしこの辺固有の植物は大抵こんな物であったと知らせたいからのことである。

明治末年以来四半世紀に及んだ活動の結果、田辺湾の神島の国による天然記念物指定（その際三好は、文部省委員として調査のため田辺を訪れ、南方によって神島を案内されている）をついに達成した後の一九三六年に、数え年七十になっていた南方が記したことばである（「新庄村合併について」『全集』六巻一八八頁）。失われた過去の生態系の残存物を拾い上げて、個別に天然記念物に指定するような考え方とはまったく異なり、一地域の生物群落全体への包括的な意識が、ここには明瞭である。これは、イギリスにおいてタンズリーが「生態系 ecosystem」ということばを提唱した、翌年のことであった。

2　南方の那智時代——生態研究と比較説話学の交錯

南方熊楠は、比較説話学と菌類研究に多くの成果を挙げた在野の研究者である。前者については、英語と日本語で研究ノート多数を執筆、学界誌へ投稿するという研究生活を二十代なかばだった一八九三年から一九三〇年代まで四十年間にわたって続け、また後者については、自身の公刊業績こそ少数にとどまるが、膨大な数の菌類（キノコ）および真性粘菌（変形菌）を採集・図記し、後者については大英博物館変形菌標本コレクションの管理者リスター父娘（Arthur & Gulielma Lister）との通信を続けた結果、十種を超える新種が、南方の採集した標本をタイプ標本として記載されている。

その南方は、一八八七年一月以来の米英遊学を終えて一九〇〇年十月に帰国したあと、一九〇一年十月から三年間、紀南の勝浦村および那智村に滞在、孤独のうちに、読書と野外での生物採集の日々を過ごすとともに、多くの思索を重ね、日英両言語での論文執筆を再開した。

南方にとってこの紀南行は、そもそもは失意の都落ちであった。

足掛け十五年に及んだ南方の米英留学は私費によるもので、滞在費用を出してくれていた父親の死（アメリカ・ニューヨークからリバプールを経てロンドンへ渡る途上での出来事で、南方は父の訃報をロンドンで受け取ることになる）などのため、経済的にロンドン滞在を続けられなくなったことが帰国の直接の原因である。[*3] そして、帰国した時点での南方は、弟が跡を継いでいた生家南方酒造にとって、総計で一万円以上におよんだ米英滞在費送金に見合うだけの成果を上げてはいなかった。博士学位を取得したわけでもなければ、英語なり日本語での著書が単行本のかたちになっていたわけでもなく、持ち帰ったものは、膨大な図書と、採集した生物資料（キノコや地衣類）ばかりである。帰国した満三十三歳の時点で、熊楠は『ネイチャー』誌にすでに二十九篇の論文や研究ノートを掲載しており、民俗学研究誌『ノーツ・アンド・クエリーズ』誌にも論考の発表をはじめていたのだから、イギリス滞在中の南方の学術的成果は相当のものと評価してよいのだが、学術研究とは無縁の商家だった彼の家族が、これら英語圏の学術誌上での公刊業績の意義を理解出来なかったのも、（残念ながら）やむを得ないことであった。南方は、帰国の翌年、放逐されるかのように、和歌山県最南端に近い紀南勝浦の南方酒造支店へと移り住み、やがてそこからほど近い那智大社へのぼる参詣路のほとりに居を構えた。

しかしながら、この那智時代は、南方にとって雌伏の時期でもあり、充電の時期でもあった。

この那智時代の暮らしぶりについて南方は、十二年年長の真言僧土宜《どき》法龍《ほうりゅう》（後の真言宗高野山派管長、一八五四〜一九二三）に対して、こう記したことがある。


小生二年来この山間におり、記憶のほか書籍とては、『華厳経』、『源氏物語』、『方丈記』、英文、仏文、伊文の小説ごときもの、随筆ごときもの数冊のほか思想に関するものとてはなく、ほかは植物学の書のみなり。それゆえ博識がかったことは大いに止むと同時にいろいろの考察が増して来る。いわば糟粕なめ、足のはえた類典ごときことは大いに減じて、一事一物に自分の了簡がついて来る。今に至って往日貴下の言われし、博と強は智見を輔《たす》くるが、そればかりでは空器画餅、何の実なきということを了《さと》りぬ。

（土宜法龍宛て一九〇三年六月三十日付書簡、『全集』七巻三二九頁）

もし伝説のごとく多く酒飲んで、しかして、日中は数百の昆虫を集め、数千の植物を顕微鏡標品に作り、また巨細に画し彩色し、英国にて常に科学の説を闘わし、また文学上の投書し、かつ不断読書し、また随筆し、乃至この状のごときものを草案もせずに書き流し得とすれば、これ大いに偉事に候わずや。

（土宜法龍宛て一九〇三年七月十八日付書簡、『全集』七巻三五四頁）

前者は、手許の書籍の少なさを伝えるようでいながら、その実東西の古典文学・思想の読書に時間を費やし、しかも「糟粕なめ」すなわち他人の思考のあとを追うことよりも、自分の思索を重ねていることを述べている。それは、実の伴わない博覧強記の欠を補って、自分の了見を深めつつある（かつて法龍から指摘されたとおりに）、というのである。そして後者は、当時の彼の関心が生物（昆虫と植物）にも文学にもおよび、日中は屋外での生物採集と図記をしながら、イギリスの学術誌上で（当然、英語で）論陣を張り、また土宜相手には日本語で宗教哲学の議論をしかけるなどのデスクワークも行っているという、孤独な山中での多彩多面な知的生活を、多分に自己陶酔的な誇張を込めて記している。

生物採集および紀南の生態系観察と、和漢洋の古典を時間をかけて精読すること、つまり自然研究と人文系研究の双方にともに打ち込んでいることを誇示するこれらのことばは、この時期の彼の事績に照らしてみるに、それなりに彼の生活の実情を反映したものだったようである。那智山中にこもったこの三年間に、南方は『ネイチャー』誌への投稿を再開し、また日本の研究誌への初めての投稿も行っている。[*4] 畢生の著述とみずから生涯珍重した長文英語論文「燕石考」のような、いわば人生をかけた研究をまとめたのもこの時期であり（ついに公刊は出来なかったが）、また土宜との文通による議論の中から、真言密教の世界観を手がかりとした独自のマンダラ的世界像を模索したのもこの時期のことで（上述七月十八日付け書簡に、「南方マンダラ」と呼ばれる彼の第一マンダラ図が描かれた）、この那智時代に、研究者・著述家・思想家としての南方熊楠を確立した知的活動が集中していることは、多くの南方研究者がみとめている。

この頃の彼の生物研究については、やや特殊な点が指摘されている。南方は、渡米直後の早期には、隠花植物と当時呼ばれていた、キノコ類、変形菌類、シダ類、コケ類と、高等植物の双方について盛んに採集を行い、標本を蓄積していた。[*5] これが、一九〇四年の田辺定住後、次第にキノコ類と変形菌類に集中していくことになるのだが、その裏を返せば、那智時代の熊楠の採集活動は、高等植物から隠花植物まできわめて幅広く、多様な植物相（隠花植物と呼ばれたキノコ類もふくめ）の全般に及んでいたのである。さらに、この時期南方は、昆虫の採集まで行っていたことが、南方邸資料中に残欠のようにのこされていた標本類の調査から知られている。[*6] 南方が昆虫の採集と標本作成を行ったのは、この時期しか知られていない。一八八六年十二月に離日して以来の日本、それも自身はじめて訪れた、紀南の深い照葉樹林の奥に分け入ったこの時期、南方は植物相と動物相にまたがった、かなり網羅的な生物観察と採集を行っていたのである。それは、彼にとってきわめて濃厚な生態観察体験であったろう。

そうした那智時代に、彼が生物採集にいそしみ、屋外の生態観察を実践するのと並行して、東西の古典にじっくりと親しみを深めていたことは、南方の学問の性格を考える上で興味深い。「伊文の小説ごときもの」と彼が言っているのは、『南方熊楠邸蔵書目録』にみえるタイトルとしては、ボッカッチョ『デカメロン』、ストラパローラ『悦ばしき夜』、サッケッティ『小説集』といった、近代初期のイタリア古小説類が相当する。これらは、東西説話の比較研究という、南方がロンドン時代以来手を染めていたもう一つの彼の研究テーマに直接関わるものであり、[*7] そして『華厳経』のような漢訳仏典の読書は、彼の比較説話研究の重要な鍵となっていくものなのである。

比較説話研究もまた、在英時代の南方が出会った頃、ヨーロッパにおいて勃興期を迎えていた若い学問である。一八九〇年代イギリスの民俗学界で新潮流となっていた、同一または同類型の説話の広域分布を比較し、それを単一起源からの伝播として把握するという説話伝播研究に、彼は接することになるのだが、[*8] 説話の分布を系統樹的に捉えるこの見方は、印欧語比較言語学などと同様に、いうまでもなく進化論的な類型によって説話をみる見方である。比較民俗学および宗教学者であったファン・ヘネップ（Arnold van Gennep, 1873～1957）は、一九〇九年に、民俗的要素は「生物学の方法を援用して、比較の方法により研究される必要がある」と指摘している（『宗教・習俗および伝説 *Religion, Mœurs et Légendes*』）。やがて一九二七年には、生物学におけるオイコタイプ oicotype という概念を民俗的研究に応用することが、スウェーデンの民族学者フォン・シドウ（Carl Wilhelm von Sydow, 1878～1952）によって唱えられる。二十一世紀の今日、比較説話学および神話学を、生物進化の系統発生論の類型によって試みているジュリアン・デュイ（Julien d' Huy）らは、自らの方法論をヘネップやシドウといった二十世紀前半の先駆者にならったものと規定している。[*9] 彼らは、遺伝子多様性に関する研究方法を昔話の分布に適用したと標榜する二〇一三年のある研究[*10]について批判したコメントのなかでこのことを述べているのだが、このオイコタイプ（またはエコタイプ ecotype）ということばは、スウェーデンの生物学者イェーテ・テューレソン（Göte Turesson, 1892～1970）が一九二二年に提唱したもので、oikos + typus と分析されるギリシア語の造語要素に遡れば

「生態（暮らすこと）＋型」の意味であり、同一種内の地域ごとに分離された異型を指す概念である。このことばで指し示されるような、特定地域の固有変種に、生物学者としての南方はとりわけ敏感であった。

南方熊楠が、那智山中に独居しつつ、生物と説話の双方について、観察と採集に明け暮れていた二十世紀初頭は、ヨーロッパにおいて、生態学と比較説話学の双方が、まだ発展途上だった黎明期にあたっていた。その頃の熊楠は、理論を学ぶよりも、研究対象または素材そのものに接し、個別事例ごとの微細な差異に関心を傾けつつ、収集する営みを、生物についても説話についても重ねていたのである。そのうち、生物世界における生態研究は、南方自身の体験及び思索と足並みを揃えるように展開していくことになったが、説話の生態型的研究の方は、説話類型の収集が網羅的に進行し、コーパスとして運用出来るようになる二十世紀末まで、成果が上がるのが遅れたようである。その両者はどちらも、三十代半ばの南方熊楠が、那智山中で抱いていた夢想が、それぞれの速度で、次第にかたちとなっていったものだったようにも思われる。

注

1 南方との関わりで三好に言及した先行研究としては、武内善信『闘う南方熊楠』、二二六頁、二九八頁。

2 前掲書で武内は、東大教授三好が、国の政策に異を唱えにくい立場だったことを、南方との立場の相違の理由に挙げている。

3 武内善信「若き熊楠再考」、『南方熊楠 珍事評論』二六九〜二七八頁。

4 安田忠典「南方熊楠の国内雑誌への投稿記事――国内での初投稿をめぐって」、龍谷大学国際社会文化研究所紀要一三号、二〇一一。

5 土永知子「熊楠の高等植物の標本（中間報告）」、熊楠研究一、一九九九。

6 後藤伸「南方熊楠の昆虫記」、熊楠研究一、一九九九

7 田村義也「古イタリア説話との出会い――南方熊楠の『ノーツ・アンド・クエリーズ』誌第一投稿をめぐって」、ユリイカ、二〇〇八年一月号。

8 松居竜五「南方熊楠におけるフォークロアの伝播説――「さまよえるユダヤ人」解題」、熊楠研究三、二〇〇一。田村義也「南方熊楠のマンドラゴラ研究――その研究史上の位置付け」、熊楠研究八、二〇〇六。

9 Julien d'Huy and Jean-Loïc Le Quellec, 'Comment on: Robert M. Ross, Simon J. Greenhill and Quentin D. Atkinson (2013), Population structure and cultural geography of a folktale in Europe, *Proceedings of the Royal Society B. Biological Sciences*, vol. 280 no. 1756.' in: *Nouvelle Mythologie Comparée / New Comparative Mythology*, 1, 2013.

10 Robert M. Ross, Simon J. Greenhill and Quentin D. Atkinson, 'Population structure and cultural geography of a folktale in Europe'. in: *Proceedings of the Royal Society* B. *Biological Sciences*, vol. 280 no. 1756. この研究は、ヨーロッパ域内における三十一の言語／民族集団の七百におよぶ説話類型を、遺伝子生物学の方法により調査することで、地理的距離による隔たりが、遺伝子そのもの（つまり血縁関係）よりも説話類型においてより大きいことを示し、血縁関係における混淆と比べて、説話の混淆や変容は相対的に小さいこと（研究対象となった人々においては、血縁関係よりも、説話内容に関してより保守的な傾向がある）が示されたと結論している。

12

大正詩人の自然観
——根を張り枝を揺らす神経の木々

横打 理奈

1　はじめに

植物学者の牧野富太郎（一八六二〜一九五七）に「松竹梅」というエッセイがある。松については、赤松と黒松が日本にはあって中国のものとは別種であること、更に松は男らしい幹と、四方に広がる枝の肘を張り屈するところと、風を受けて松籟《しょうらい》はあっても毫も動ぜぬ姿を崇高だと述べる。竹は稈の真っ直ぐさや節が重なることが人間の心や貞操に喩えられやすいことと一緒に、竹の強さが鞭根にあることを述べる。この松と竹に梅を含めて、正月の目出度い植物として意義深いことが紹介されている。確かに松竹は門松として日本人には非常に馴染みのある植物である。

ところで、この松の枝ぶりと竹の根を、自身の身体感覚に見立てて謳った詩人がいる。松について謳ったのは中国の詩人である郭沫若《かくまつじゃく》（一八九二〜一九七八）であり、そして竹について謳ったのが日本の詩人である萩原朔太郎（一八八六〜一九四二）である。共に、大正という時代に日本で詩を制作していた。この頃、明治から大正にかけて精神疾患という問題が社会・文学の中に大きく立ち現れ、日本では神経衰弱を代表とする精神疾患に罹患する者が多数存在した。多くは学生を中心とする知識人が、立身出世に邁進するがために心身の平衡を崩した、近代社会が生み出した病であった。明治から戦後高度成長期までを五つの時代に分け、それぞれの時代に現れる言説としての精神疾患を追求した社会学系の研究がある。その中では、明治における精神疾患を「発狂」「気違」「瘋癲」などという狂気に関わる語彙と「神経」が別のものであるとし、前者が社会から逸脱した者を指すのに対して、後者が精神疾患という医学用語としての言説につながるものだという。また当時使われていた「神経」がメンタル的な要素を含むことも指摘し、明治後期から大正前期にかけて精神の問題が科学的に解釈されるようになっていく歴史がある。「神経衰弱」に代表される精神疾患が「知的な流行に敏感な人々」に罹患する病としてメディアを通して認知されるようになっていった。この精神疾患、言い換えれば敏感な神経を持った青年が、国籍こそ違うものの、それぞれ自身の身体感覚を植物に見立てたということは、偶然ではない。

そこで本稿では、この二人の作品について身体感覚をどのように植物に見立てたのか考察してみたい。

2 萩原朔太郎と郭沫若について

萩原朔太郎は一八八六年十一月一日、群馬県群馬郡（現在の前橋市）に密蔵とケイの長子として生まれた。小学校に入学の頃から、神経質であり病弱であった。一九〇一年頃から短歌の創作を始め、鳳（後の与謝野）晶子を耽読し、翌一九〇三年に『明星』に投稿した短歌が掲載される。この頃から学校生活に興味がなくなり、一九〇六年に前橋中学校を卒業後は、早稲田中学校や第五高等学校・第六高等学校など入退学を繰り返す。この間に、妹ワカの同級生である馬場ナカ（後の佐藤ナカ、洗礼名エレナ）を思慕するようになる。この頃までには、精神的苦悩に迫られるようになる。一九一三年に自筆歌集『ソライロノハナ』を編むが、この直後に短歌から詩へと転向し、ここから本格的な詩作が始まる。一九一四年には、佐藤ナカとの恋愛を経験する（ナカは一九一七年、肺結核で死去）。一九一七年二月第一詩集『月に吠える』刊行。一九二二年三月『月に吠える』再版、一九二三年一月第二詩集『青猫』刊行、以後は『蝶を夢む』（一九二三年十月）、『純情小曲集』（一九二五年八月）、『氷島』

（一九三四年六月）他に詩論なども発表し、一九三九年九月生前最後の詩集である『宿命』を刊行した。一九四一年秋に体調を崩し、翌一九四二年五月十一日逝去した。

郭沫若は一八九二年十一月十六日に、四川省嘉定府沙湾で生まれた。辺鄙な片田舎とはいえ中程度の地主階級の父と、落ちぶれた役人の家の出身者である母を持つ中流家庭の生まれといってよい。一九〇五年科挙が廃止されると、新しい学校制度に組み込まれた高等小学校・中学校・高等学校で学ぶが、退学処分を含め入退学を繰り返した。一九一四年一月に来日し、同年夏、第一高等学校特設予科に入学、一九一五年修了。この頃に神経衰弱を発症した。同年に岡山の第六高等学校第三部に入学。翌一九一六年夏に京橋病院（現聖路加病院）で看護師として働いていた佐藤とみと出会い、この冬に岡山に連れて帰り、婚姻関係となる。一九一八年七月に第六高等学校を卒業し、九州帝国大学医科に進学した。一九二一年八月第一詩集である『女神』を刊行。一九二三年三月、九州帝国大学医科を卒業した。その後、国民党に入党するが、蒋介石に追われる身となったため、一九二八年二月に来日し、亡命生活を始める。一九三七年七月七日に盧溝橋事件が勃発すると、家族を残して帰国。一九四九年九月には政務院総副総理に推され、同年十月に中華人民共和国が成立する。一九六六年に文革が始まると、率先して自己批判を行う。その後、文革中に滞っていた出版の最初として、一九七一年十月、『李白与杜甫』が刊行される。文革の最中に失脚する文学者が多い中、社会的立場を失うことなく多大な影響を保ち続け、中日友好協会名誉会長や中国科学院院長など、要職を退くことなく、一九七八年六月十二日に逝去した。

二人の共通点は、第一に心身が必ずしも強健ではない点である。朔太郎は若い頃から神経症を患い精神的苦悩に陥り、一方の郭沫若は日本留学時期に極度の神経衰弱に罹患している。朔太郎の作品には病的な表現が多用されていることはこれまでに多くの先行研究が存在するが、一方の郭沫若にも不安な精神を詠んだ作品が存在する。第二に、朔太郎は医学の道には進まないものの父親が開業医であり、郭沫若は医者として活躍することはなかったが医学を学んだという、共に自然科学の一分野である医学が身近にあった点である。大正時代は、医学を含めて科学が知識人たちの身近な存在であった。文芸雑誌などにも科学に関わる事柄や作品が掲載される時代であった。朔太郎には「ばくてりやの世界」というミクロの世界を詠んだ作品があることは、医学や科学の知識を朔太郎が十分に持っていることを意味している。両者の共通する知識に医学があったのである。第三に、二人とも大正時代に青年時代を過ごしている点である。この時代は、現在「生命主義」とカテゴライズされた時代として研究が進められており、そこは生、或いは生命を強烈に謳う時代でもあった。

では同じ時代に、同じような境遇で作品を作ってきた二人の作品をそれぞれ見てみたい。

3　萩原朔太郎が詠む竹

幼少の頃から神経質な子供であり、孤独を好む性質であった朔太郎は、その後は父親からの期待に反して学業から遠ざかる一方で、精神的な苦痛に苛まれる時期が続く中で創作活動を行っていた。日本近代詩の父と称される朔太郎の作品の特徴は、その詩に身体感覚を詠み込んだものとする先行研究は既に多くある。特に第一詩集『月に吠える』に収録されている一連の竹は、日本の伝統景物の典型であるイメージを覆す性的なメタファとして、また鉱物イメージの拡大としての身体上の異質物と捉え、朔太郎のそれがまっすぐ突き破るように生えるという表現があることが指摘されている。

たとえば、その「竹の哀傷」篇には「竹」という詩が二つ並ぶが、その第一の作品を見てみたい。

竹

ますぐなるもの地面に生え、
するどき青きもの地面に生え、
凍れる冬をつらぬきて、
そのみどり葉光る朝の空路に、
なみだたれ、
なみだをたれ、
いまはや懺悔をはれる肩の上より、
けぶれる竹の根はひろごり、
するどき青きもの地面に生え。

竹は「ますぐなるもの」「するどきもの」「するどき青きもの」と表現されている。直線的で鋭角的に描かれており、さらに「凍れる冬」を貫くほどに竹の堅さが強調されるかのような表現である。更にその堅さは光と結びついて金属的なイメージが付加されている。ここに表現される竹には、日本人が伝統的にイメージする、しなやかさは見られない。他の作品の「祈祷」や「穴」では「ぴんと光つた青竹」と表現されているのと対照的である。注目すべきは、この作品に根に対する描写があることだ。次に挙げる作品にも根が描かれている。

光る地面に竹が生え、
青竹が生え、
地下には竹の根が生え、
根がしだいにほそらみ、
根の先より繊毛が生え、
かすかにけぶる繊毛が生え、
かすかにふるへ。(以下略)

ここに謳われている竹は、地面より上に伸びていくイメージはなく、地下の竹の根に視点がある。地上に直線的に生えている竹を支える、目には見えない場所に生える根の更にその先の繊毛が「けぶる」ように生え、それが「かすかにふるえ」る様を謳っている。同じく『月に吠える』の「竹とその哀傷」篇の最初に置かれている「地面の底の病氣の顔」も根を題材としている。

地面の底の病氣の顔

地面の底に顔があらはれ、
さみしい病人の顔があらはれ。

地面の底のくらやみに、
うらうら草の茎が萌えそめ、

鼠の巣が萌えそめ、
巣にこんがらかつてゐる、
かずしれぬ髪の毛がふるえ出し、
冬至のころの、
さびしい病氣の地面から、
ほそい青竹の根が生えそめ、
生えそめ、
それがじつにあはれふかくみえ、
けぶれるごとくに視え、
じつに、じつに、あはれふかげに視え。

地面の底のくらやみに、
さみしい病人の顔があらはれ。

ここに描かれる竹は病気と共に描かれており、その竹には根が生えている。更にこれより先に雑誌『卓上噴水』で一九一五年三月に発表された次の作品にも明確に、竹と根が表れており、そこにはやはり病気と共に描かれている。

竹の根の先を掘るひと

病氣はげしくなり
いよいよ哀しくなり
三日月空にくもり
病人の患部に竹が生え
肩にも生え
手にも生え
腰からしたにもそれが生え
ゆびのさきから根がけぶり
根には纖毛がもえいで
血管の巣は身體いちめんなり
ああ巣がしめやかにかすみかけ
しぜんに哀しみふかくなりて憔悴れさせ
絹糸のごとく毛が光り
ますます鋭どくして耐へられず
つひにすつぱだかとなつてしまひ
竹の根にすがりつき、すがりつき
かなしみ心頭にさけび
いよいよいよいよ竹の根の先を掘り。

竹から竹の根へと視線が移っていること、天に向かって躍進する竹の運動とは無縁の世界であることについては既に先行研究で言及されている。これらの朔太郎の作品が、人体が大地に根を生やす、あるいは土壌と化すといったモチーフをもつムンク（Edvard Munch 一八六三〜一九四四）の影響があることを指摘する研究もある。ムンクは当時雑誌『白樺』で紹介されており、『月に吠える』の装幀を依頼された画家の田中恭吉（一八九二〜一九一五）はムンクの影響を受けているとされる。ムンクには例えば、一八九八年に「苦悩の花」という版画があり、大地に半分埋まった人の心臓から流れ出た血が地面に達すると、そこから紅い花が咲くという作品である。このようなモチーフが絵画にあることは興味深い。

朔太郎の竹は身体から突き破る異質物である。それが病気のせいなのか、人妻との許されない恋愛からくる罪の意識なのかは、ここでは問わない。問題なのは、それが正常ではない精神が生み出したシンボルであるという点である。それが身体から突き破って上に伸びていく竹から、その竹を地下で支える繊毛のような根へと意識が変わっていく。精神を病んでいた朔太郎が、自分の身体から突き出る異質物としての竹よりも、自分の身体の中で張り巡らされている根、つまり毛細血管や神経というものを身体感覚として捉えるようになったのである。伸びていくという竹の躍動感や生命力には共感できなくなり、震えるという生命の表現としての根に着目したのであろう。

4　郭沫若が詠む松

一九一四年に留学のために来日した郭沫若は、故国にいた時から詩を作っていた。しかしそれらの作品で描かれる自然は、中国伝統的な叙景詩であった。留学初期の詩でも、例えば海水浴にいった館山から見える扇形の富士山を描いている作品などは、単なる情景描写に過ぎなかった。ところが、徐々に自然が単なる情景描写でなくなり、自然から詩人に対する働きかけと詩人から自然に対する働きかけが作品の中に描かれていくようになる。

與成仿吾同游栗林園（成仿吾と栗林園にあそぶ）

清晨入栗林，紫雲挿晴昊。
攀援及其腰，松風清我脳。
放観天地間，旭日方杲杲。
海光蕩東南，遍野生青草。
不登泰山高，不知天下小。
稊米太倉中，蛮触争未了。
長嘯一聲遙，狂歌入雲杪。

明け方に栗林園へ行くと、紫雲山が青空にそびえていた。
中腹まで登ると、松風が私の脳を洗い流した。
天地の間を見渡せば、朝日はきらきらと輝いている。
海上の光が東南の方向にゆらめき、野原には草が青々としている。
泰山の高さまで登らなければ、天下の小ささはわからない。
ひえ粒は大きな倉の中、カタツムリの角上の戦いはまだ終わらない。
長々と一声上げれば遙か遠く、心のままに叫んだ歌は雲の向こうに消えた。

栗林《りつりん》園は香川県高松市にある日本庭園の栗林公園のことである。讃岐領主生駒高俊に造営されて以後、一六四二年に入封した松平氏によって約百年かけて造営された。一八七五年に県立公園として公開されるようになった。紫雲は紫雲山という香川県高松市にある岩清尾山塊のうちの一つで、標高は一七〇メートルあり、その麓に栗林公園がある。一九一六年の春休みに、友人の成仿吾《せいほうご》（一八九七～一九八四）との散策をした時の詩である。

この作品では松風が脳に入り、洗い流すことがきっかけとなり、詩人の詩が天地に向かって叫ばれている様が描かれている。当時、郭沫若は岡山第六高等学校に在籍しており、すでに医学部への進学の準備を始めている。脳という表現は具体的な身体感覚の反映かもしれない。しかし、それ以上にこのような自然との交感を描く契機として考えられることは、一九一五年の静坐による、ある種の神秘体験であった。当時神経衰弱に陥った郭沫若は、岡田式静坐法を参考に毎日瞑想を行うことで、世界が輝いて見え、その結果として荘子やスピノザの本当の意味を身体的に理解する、という体験をしている。両親への書いた手紙から彼はその後も、静坐を続けていたことがわかっている。つまり、自然との交感は実体験に基づくもので、単なる文学的修辞として採用されたものではない。

次に、一九一八年大晦日に福岡で詠んだ詩の「十里松原　四首」の第一首を見ると、そこには自然との交感が描かれている。

十里松原　四首　一（十里松原　四首　その一）

十里松原負稚行，　十里松原に幼子を背負って行けば、
耳畔松聲并海聲。　松風と海の波の音が聞こえてくる。
昂頭我向天空笑，　顔を上げて天に向かって笑えば、
天星笑我歩難行。　星は私の歩みがおぼつかないのを笑った。

一九一八年の当時郭沫若は箱崎神宮のそばに住まいを構えていた。十里松原はこの一帯にあった松林で千代の松原とも称されており、福岡滞在時期にはこの松原が生活の一部として頻繁に作品に登場する場所である。ここでは詩人が天に笑いかけると、天が詩人に笑い返すという、詩人と自然の間のコミュニケーションが描写さ

れる。

留日時期の郭沫若の旧体詩は定型通りの叙景詩の創作から始まるが、徐々に自然との交感が主題として浮上し、最終的には自然との交感そのものが描かれるようになっている。最初は詩人からの一方的な働きかけだけであった。それが徐々に自然が自分に働きかけ、また自分も自然に働きかける、という作風に変化していく。そして最終的には自然が擬人化されて、詩人と自然との両者の間で完全なコミュニケーションが成立していることが、明確に示されるようになる。

郭沫若の『女神』の重要な主題である汎神論は、実はこのように段階的に彼の中で発展醸成してきたのであり、それは旧体詩の中に既に胚胎されていたのである。汎神論という主題は新詩に限らずこの時期の重要な主題であった。

では『女神』における郭沫若の作品の中には、身体と関わる語彙として「松」が挙げられる場合は、「松」が描かれる時間は夜あるいは早朝に限られており、精神が浄化され、神経が研ぎ澄まされるイメージが付随する。

晩歩（夜の散歩）

松林兒！你怎麽這様地清新！
我同你住了半年，
也不曾見這沙路兒這様地平平！
両乗拉貨的馬車兒從我面前經過，
倦了的両個車夫有個在唱歌。

松林、君はどうしてこんなにすがすがしいのかい。
君と一緒に住んで半年、
この砂の道がこんなに平らかだったなんて。
荷馬車が二台眼の前を通り過ぎていく、
疲れた車夫が二人歌を唱っている。

他們那空車裏載的是些甚麼？
海潮兒應聲着：平和！平和！

空の馬車に積むのは何だろう。
海の波が応える、平和！平和！と。

晨興（早朝）

月光一樣的朝暾
照透了這蓊鬱着的森林，
銀白色的沙中交横着迷離疏影。

月の光のような朝の光は、
生い茂った林に差し込み、
白銀の砂浜でぼんやりとした影と混じり合う。

松林外海水清澄，
遠遠的海中島影昏昏，
好像是，還在戀着他昨宵的夢境。

松林の向こうの海は澄みきっていて、
はるか向こうの海には島影が暗々として、
あたかもそれは、昨夜の夢にまどろんだままのよう。

携着個稚子徐行，
耳琴中交響着鶏聲，鳥聲，
我的心琴也微微地起了共鳴。

幼子を連れてゆっくり歩けば
鼓膜に鶏の声が鳥の声が鳴り響き、
ぼくの心も少しずつ震えはじめた。

前者は夜で後者が早朝という時間的な差異はあるが、波の音が聞こえる松林の静けさと共にその清々しさを謳ったこれらの詩では、心の平安が描かれている。そこには共にぎらぎらした明るさではない静かな光の中に詩人がいる。ここに共通する松は、その静けさの中にあって精神を浄化するイメージを持っている。
一方、次の作品は松がより身体的なイメージを持っている。

夜歩十里松原（夜、十里松原を歩く）

海已安眠了。
遠望去，只見得白茫茫一片幽光，
聽不出絲毫的涛聲波語。
哦，太空！
　怎麼那樣地高超，自由，雄渾，清寥！
無數的明星正圓睜着他們的眼兒，
在眺望這美麗的夜景。
十里松原中無數的古松，
盡高擎着他們的手兒沈默着在讃美天宇。
他們一枝枝的手兒在空中戰慄，
我的一枝枝的神経纖維在身中戰慄。

海はもう安らかに眠りについた。
遠くを見ると、白くほのかな光が果てしなく続いていて
かすかな波の声さえ聞こえない。
ああ、宇宙よ。
　どうしてそんなに気高く、自由で、雄々しく、清らかなのか！
無数の星々がまるく目を見開いて、
この美しい夜の景色を眺めている。
十里松原の無数の松の古木は、
どれもが手を高くかかげ沈黙の中宇宙を讃美している。
彼らの手の一本一本が空中で震え、
私の神経纖維の一本一本が身体の中で震えている。

この作品では、松の枝葉と、自分の神経纖維が呼応して震えるという身体感覚が鮮明に描かれている。これまでの作品では、自然との交感を謳っていたとはいえ、具体的な描写はなかった。しかし、ここでは震えている郭沫若の神経が宇宙と呼応している。夜という静寂の中で、精神を浄化する松の枝葉の揺れが、自分の神経

の一本一本と呼応しているのであり、それは天と自分が通じ合った喜びなのである。震えるという感覚は朔太郎と同じように、自分の神経の敏感さを作品に取り入れたのであって、その意味では萩原朔太郎の竹の根の先にある繊毛が神経を象徴するのと似ている。

しかし二人のその方向性と内包するイメージには幾分かの隔たりがある。朔太郎の場合、病的なメタファとしての精神性を象徴する竹であるのに対し、郭沫若の場合は自分の精神が浄化され研ぎ澄まされていくものとしての象徴として松を描いている。

朔太郎の場合は竹は、己の肉体や精神を脅かすものとして認識されており、それは自然の中にある竹では決してない。自然と交感することはなく、むしろ断絶されているが故に、己の体内に不気味に生えているのである。一方の郭沫若は、松が早朝や夜という時間帯にのみ描かれていることからもわかるように、そこには浩然の気という清々しい精気を取り入れることの出来る時間帯をまず設定している。朔太郎が詠んだように己の肉体に生じる竹ではなく、あくまでも自然の中に佇む松を詠んでいることにある。

5 おわりに

ところで、実は朔太郎にも松を題材とした作品があることに触れておきたい。

天上縊死

遠夜に光る松の葉に、

懺悔の涙したたりて、
遠夜の空にしも白ろき、
天上の松に首をかけ。
天上の松を恋ふるより、
祈れるさまに吊されぬ。

朔太郎も郭沫若の両者にも、松には天に繋がるイメージがある。この「天上の松」という言葉は羽衣伝説を想起させる。海辺に植えられている松は防風林・防砂林の役目であるが、そもそも海辺という、異界である海との境界に生えている植物である。そのことを朔太郎は、明確には記していないまでも、そこに同化することの出来ないものとして松を描いている。一方、郭沫若は海を渡って日本にやって来た。遠い故国を臨む時には、必ず自分との間に海がある。このことも、やはり郭沫若自身の中には、異界との境界線である海辺というものの認識があることを意味している。大正時代に日中で人気のあったベンガル出身の詩人タゴール（Rabindranath Tagore、一八六一〜一九四二）にも「岸辺」という作品があり、此岸と彼岸を謳っているが、郭沫若がこの作品を意識した作品を作っていることも注目すべきである。

「天上縊死」で描かれる松は、これまで朔太郎が描いてきた竹のような身体感覚としての植物としては描かれてはいない。懺悔や祈りという、朔太郎自身の救済と関連するような語彙と一緒に描かれるものであって、身体感覚に伴う植物ではない。朔太郎が松に対して竹とは全く異なるのものとして描いているといってよいだろう。

これまで見てきたように、朔太郎が竹に自身を感じ取り、そして郭沫若は日本の松に自分を投影させた。両者が描く竹と松は鋭敏な神経が描く精神の際どさの象徴とも言える。朔太郎は幼少より神経過敏な少年だった。また、親の期待に応えられずに過ごした青年時代、或いは人妻との許されない恋愛など、精神の不安定さとともに過ごしていた。対する郭沫若は、留日して神経衰弱にかかり静坐という形で克服したとはいえ、異国での学生生活は神経を蝕むほどの苦労があったのである。このように両者に震えるような神経が共通にあってこそ、これらの作品は描けた。

けれども、描かれた作品は朔太郎の竹が地面に深く根ざすように暗いものであって、地下という方向に進んでいったのに対し、郭沫若は松の枝を空に言わせていった。それは精神疾患の度合いもさることながら、鬱々とした感情とどう対峙したのかという問題でもあったのである。自国に妻がいるにも関わらず、日本人女性との恋愛を謳歌した郭沫若と、人妻との恋、そしてその恋人の死を経験した朔太郎との差があるのかもしれない。

竹も松も、日本の伝統文化に根ざした植物である。けれども二人はその伝統文化に根ざした竹と松を、従来のような吉事の象徴とはしなかった。竹に自然と断絶した暗い気持ちを詠み込んだ朔太郎と、松に自然と交感できた喜びを詠み込んだ郭沫若の違いはあるものの、ともに彼らは根と枝が神経細胞に似ていることを知っていた。ここに二人の伝統を打ち破った作品が生まれたのである。竹の根と松の枝に、それぞれ己の神経を見出した朔太郎と郭沫若は、それぞれ根も枝もそれが植物の生命に関わる器官であることを知っていた。自然との断絶と交感という違いがあり、地中と空中という視点のベクトルの違いがあるが、そこには敏感な神経を持った詩人が、ともに震える己の神経を見つめたのである。世界と繋がりたくとも閉ざされた朔太郎の根の震えと、世界と繋がった喜びに満ちた郭沫若の枝の震えは、彼ら自身の神経の木々の震えであったのである。

参考文献

萩原朔太郎『萩原朔太郎全集』（補訂版）第一・第三・第十五巻、筑摩書房、一九八六〜一九八八
王継権、他編注『郭沫若旧詩詞系注釈（上）』、黒竜江人民文学出版社、一九八二
郭沫若『郭沫若全集』文学編第一巻、人民文学出版社、一九八二
郭沫若著・陳永志校釈『女神校釈』、華東師範大学出版、二〇〇八
牧野富太郎『植物記』、ちくま文庫、筑摩書房、二〇〇八
佐藤雅浩『精神疾患言説の歴史社会学――「心の病」はなぜ流行するのか』、新曜社、二〇一三
坪井秀人『萩原朔太郎論――《詩》をひらく』、和泉書院、一九八九
岸田俊子『萩原朔太郎――詩的イメージの構成』、沖積舎、一九八六
鈴木貞美編『大正生命主義と現代』、河出書房新社、一九九五
鈴木貞美『「生命」で読む日本近代』、日本放送協会出版、一九九六

13

城外に詠う詩人
——中国の山水田園詩

坂井 多穂子

日本の数十倍の国土をもつ中国では、古来、国土の大半が手つかずの自然であった。その自然を題材にした詩を山水詩という。山水詩には、大別すると、文字通りの山水を詠ったものと、人が開墾した田園を題材にしたものの二種類がある。通常、前者を山水詩、後者を田園詩と呼び、田園詩は広義の山水詩（山水田園詩）の一部とみなされている。

ここでは、詩人たちがどのように自然を詩に詠ってきたのかを、六朝から宋代までの代表的な山水（田園）詩人の作品をとりあげてみてみよう。宋代以前の中国において、詩を作ることは知識人必須の教養であったから、山水詩には、庶民ならざる特権階級の人々の自然観が反映されている。

1　古代中国人の自然観

まず、昔の中国人が自然をどう認識していたかを、詩以外の材料からみてみよう。

後漢（二五〜二二〇年）の時につくられた『釈名』は名詞やことばの意味を同音の別の漢字によって解説した辞書であるが、たとえば「海」についてはつぎのように述べている。

海は、晦なり。（海とは暗いものである）

彼らにとって海とは、暗くて得体の知れぬ、恐ろしいものであった。四方を海に囲まれた日本とは異なり、中国は国土の東側のみ海に接している。最初に文明が発達した黄河中流域にしても、海からかけ離れた内陸部にあった。だから当時の中国人の大半は、生涯、自分の目で海を見る機会がなく、未知の海に対して恐怖と警戒心を持っていた。

恐ろしいと思われていたのは海だけではない。陸地についても同様である。

古代中国の「まち」の形状には、日本の古いまちとは大きく異なる点がある。日本では城を囲む城壁があり、その周囲に人々の住む城下町がある。それに対して、古代中国では、まち全体を城壁が取り囲んでいた。まちのことを、現代中国語で「城市」というのはその名残だ。生活空間（まち）を取り囲む城壁は、外界に対する人々の警戒心をあらわしている。人々は、内と外の境界を強く意識し、外界や外敵との戦いを繰り返しながら自分たちの世界を築いてきたのである。

『山海経』という作者不明の書物を紹介しよう。書名から推測できるように地理書であるが、想像によって描かれたもので、神話上の生物もしばしば登場する。たとえば、

> さらに東方三十里のところに、倚《い》帝の山がある。（中略）獣がおり、形は犬のように鳴く伝説上の鼠に似て、耳と口が白い。名を狙如《しょじょ》という。この獣が現れると、その地方に大乱が起こる。
>
> ・・・・
>
> さらに東方三百里のところに、青丘の山がある。（中略）獣がおり、その形は狐に似て九本の尾を持つ。泣き声は赤ん坊のようで、人を食らう。

大乱の前兆として現れる狙如《しょじょ》や、人を食う九尾の狐が棲む恐ろしい場所、それが外界（かなたの未踏の地）に対するイメージであった。

朝廷に仕える（または仕えることを目指す）知識人の大半は城壁内に住んだ。そして、その一部の例外、すなわち城壁の内側には居られなくなった知識人が、自然界をみずからの住処として選ぶようになった。あるものは政治の表舞台から追放され、あるものはみずから隠棲を選んだ。彼らは山水に遊び、山水を詠いながらも、その胸中は山水をめでるばかりではなく、出世と隠棲との間で揺れ動いていたのである。

2　六朝の山水詩——陶淵明と謝霊運

六朝（三一七～五八九）とは、三国時代以降、隋以前に、長江下流の建康（今の江蘇省南京）を都に定めた呉・東晋・宋・斉・梁・陳という六つの王朝を指す。長江下流一帯は江南と呼ばれ、日本に似た温暖な気候と風土を持つ穏やかな地域である。しかし短期間での度重なる王朝交替が示しているように、城壁の内側の政局はけっして平和ではなく、左遷や処刑は日常茶飯事であった。

この時代の詩人のうち、ここでは陶淵明と謝霊運を取り上げよう。陶淵明は田園詩の祖、謝霊運は山水詩の祖と称され、しばしば「陶謝」と並称される。

（1）陶淵明の田園詩

東晋の陶淵明（三六五？～四二七）は、現代では、桃源郷を描いた『桃花源記』の作者として知られるが、当時はほぼ無名の文学者であった。家柄が重視された時代だったため、家柄の低い陶淵明は四一歳でようやく彭沢

（今の江西省）の小職に就いた。しかし、まもなく身内を亡くして辞職し、郷里の潯陽（今の江西省）に帰って生涯を終えた。

陶淵明は郷里の田園生活をこのんで描いた。そのうちの一首を見てみよう。

「田園の居に帰る　五首 その二」
田舎では世間との交渉もまれだ。
我が家のあるこの路地には訪れる車馬も少ない。
昼間から粗末な柴の門を閉ざし、
がらんとした部屋には俗世間的な思想も入り込む余地がない。
時には村里の中を、
草おしわけて農夫たちと往き来するが、
顔をあわせてもむだ話はせず、
桑や麻の成長ぶりをいいあうだけ。
桑や麻は日ごとに成長し、
私の畑も日々、面積が広がる。
いつも気がかりなのは、霜や霰が降ってきて、
作物を枯らして草むらにしてしまうのでは、ということだ。

ここには、陶淵明の暮らす農村の風景が描かれている。農村の中にある陶淵明の家は、奥まった路地にあっ

て来客も少なく、さらに家の門を閉ざして他者を排除している。かつて、まちに住んでいた頃は「世間との交渉」や「俗世間的な思想」に触れていたであろうが、隠棲した今、陶淵明はそれらを拒絶し、自分の世界に閉じこもっている。

といっても、他者との交流が皆無というわけではない。詩の後半では、田舎で農作業をし、農夫たちと同じ位置に立って農作物の出来について話しあう様子が描かれている（桑や麻は田園詩にしばしば描かれる代表的な農作物である）。まるで農夫のような生活だ。陶淵明は景色のなかに自分を登場させ、自分自身も農村のなかに溶け込んでいる。生活感あふれる庶民的な作品である。

（2）謝霊運の山水詩

六朝宋の謝霊運（三八五～四三三）は陶淵明とは対照的に、祖父に晋の名将謝玄をもつ名門の出である。康楽侯に封じられたため謝康楽と呼ばれた。権力闘争に敗れて失脚し、左遷先の永嘉郡（今の浙江省）の山水の美に耽溺して多くの山水詩を作った。まもなく始寧（今の浙江省）に隠棲したが、のちにその傲慢な性格によって罪を得、四八歳の若さで処刑された。

謝霊運の山水詩は、当時すでに高い評価を受けていた。無名であった陶淵明とは対照的である（彼らの詩に対する評価は、その後、唐代に逆転するのだが）。謝霊運が始寧に隠棲していた頃に作った山水詩をとりあげてみよう。

「石壁の精舎から巫湖のそばの家に帰って作った詩」

このあたりでは朝と晩とではまったく天気が変わってしまい、

山や水は澄んだ輝きを帯びている。

その輝きに見とれているうちに、
訪れた者は安らぎを覚えて帰るのを忘れる。
石壁の谷を発ったのは朝も早い時分であったのに、
帰りの船に乗った時にはすでに陽は陰っていた。
木の生い茂った谷は夕闇を深めてゆき、
空いっぱいに広がっていた夕映えは小さくなってゆく。
湖の水面には菱や蓮が互いに覆いかぶさらんばかりに茂り、
蒲や稗が互いにもたれあうように立っている。
草をかきわけ足を速めて南の小道を進み、
東のわが家に帰り、深い喜びに浸されて横になった。
胸中が安らかならば、おのずと外の事物は気にならなくなり、
気持が満ち足りていれば、世界の原理と一致できる。
養生の道に努めている方々に伝えたい。
まずはこの方法で推し進めてみなさい、と。

題の「石壁の精舎」は渓谷に囲まれた寺院のことで、謝霊運の家とは巫湖を挟んだ対岸にあった。朝早くに精舎を出発し、奥深い渓谷を出て巫湖を舟で渡って帰宅した時の風景を詠った作品である。
この詩で秀逸なのは、日が暮れてゆく様子を描いた「木の生い茂った谷は夕闇を深めてゆき、空いっぱいに広がっていた夕映えは小さくなってゆく」という対句である。上の句は夕闇の深まり、すなわち暗闇の拡大して

いくさまを描き、下の句は夕映えの縮小、すなわち光明の減少していく様子を描いている。夕方から夜になってゆく過程を、暗と明の双方向から繊細に描写する。繊細で美しい自然描写は謝霊運の山水詩の特徴である。

最後の四句にも注目してみよう。美しい景色を堪能して帰宅した謝霊運は「深い喜び」に満たされる。「外の事物は気にならなくなる」とは、裏を返せば、今まで外の事物によって苦しめられてきたことを意味しよう。失脚によって隠棲を余儀なくされていた失意の謝霊運は、山水によって癒され、喜びに満たされた。そして、風景の美が、謝霊運の内面に染みいり、「周囲の風景の美」と「満ち足りた内面」が融合した境地に至った。謝霊運は自然の美のなかに哲学的な意味を見出したのだ。

謝霊運は仏教に対する深い造詣で知られ、僧侶と交流したり、仏教の経典に注釈をつけた。自然美のなかに形而上的な意味をもとめるのは、彼の信仰と無関係ではない。

このあと、宮廷文学が盛んになり、人々はもっぱら城壁の内側の、閉ざされた人為の世界に視線を向けて作品を作るようになった。そうして山水詩は廃れた。復活は唐代を待たねばならない。

3　唐代の山水詩——王維と孟浩然

山水詩が息を吹き返すのは、唐代（六一八〜九〇七）に入ってからである。その背景には、都市文明の発達がある。土地が開拓されて治水工事が進み、人々の往来を活発にする街道が整備され、自然は以前ほど未知の脅威ではなくなった。それによって、城外の田園の美が発見され、田園をとりかこむ山水を扱った作品が急増する。

(1)王維の〝田園詩〟

王維(七〇一～七六一)は三〇歳で科挙に及第し、尚書右丞(今の内閣書記官長に相当)にまでのぼりつめたエリート官僚である。謝霊運と同様、仏教を厚く信仰していた。王維の字(あざな)の「摩詰」は、『維摩経』に登場する「維摩詰」から採られたものである。

王維は当時の都長安の東南の地、輞川に別荘をかまえ、そこから眺めた風景を詩に描いた。山水詩を得意とし、「空山 人を見ず/但 聞く人語の響きを/返景 深林に入り/復た照らす 青苔の上」(「鹿柴」詩)という作品が有名だが、ここでは詩題に〝田園詩〟であることを明記する詩を一首あげてみよう。

「田園の楽しみ 七首 その六」
桃の紅い花に宵越しの雨が残っており、
柳の緑の葉に春霞がたちこめてけぶっている。
花が散っても召使いの少年はまだ掃き清めず、
鶯が鳴いても山村の人はまだ眠っている。

表題に「田園」と冠してはいるが、六朝の陶淵明の田園詩とはずいぶん趣が異なっている。農作物も農夫も描かれず、描かれるのは桃や柳、鶯といった、農業とは無縁の風雅な動植物のみ。桃の紅と柳の緑のコントラストも鮮やかに、雨や春霞の水分をまとい、しっとりとけぶるような風情である。まるで絵画のように美しい。画家でもあった王維の詩は、「詩のなかに画があり、画のなかに詩がある」と称えられた。この詩には陶淵明の田園詩のような生活臭はどこにも見えない。王維は山のなかの別荘にいて、遠くから田園を眺める傍観者だったのだ。

(2) 孟浩然の田園詩

孟浩然(六八九〜七四〇)といえば、「春眠　暁を覚えず」の「春暁」詩でわたしたち日本人にもなじみの深い詩人であるが、その官途は王維とは対照的に不遇であった。無職のまま、故郷の襄陽(今の湖北省)にて生涯を終えた。つぎに挙げるのは、郷里の農村風景を描いた一首。

「友人の別荘を訪問する」
友人は鶏や黍といった御馳走をしつらえ、
私を田舎家に迎えてくれた。
村のあたりは緑の茂る木々におおわれ、
防壁の外には青々とした山が斜めにみえる。
宴席のムシロを菜園の前に広げ、
酒を手にして今年の桑や黍の出来を語り合う。
重陽(九月九日)の節句がやってきたら、
ふたたびここにきて菊の花をめでよう。

友人の田舎家での歓待を詠う。菜園のそばにムシロを広げた宴席が設えられ、鶏や黍《きび》のご馳走をつまむ。酒を飲みながら、農夫たちと農作物（桑麻）の出来を語り合う。陶淵明の詩にも登場した農村の風景や農夫との交流がここに再現されている。

このように、孟浩然は郷里の自然や農村風景をこのんで描いた。陶淵明の場合と同様、孟浩然も自身を農村の登場人物の一人として描き、田園風景に溶け込ませている。

4 宋代の田園詩——范成大

范成大（一一二六～一一九三）は南宋の代表的な田園詩人である。彼の生まれた一一二六年とは、北宋最後の君主徽宗・欽宗父子が女真族の金に連れ去られた、事実上、北宋終焉の年であった。翌年、徽宗の第九子高宗が都を汴（今の河南省開封）から臨安（今の浙江省杭州）に遷して南宋が始まる。

范成大は臨安にほど近い呉郡（今の浙江省蘇州）に生を受け、二八歳で科挙に及第、その有能さで天子の信頼を勝ちえて、金との折衝にもあたった。参知政事（今の副宰相に相当）にまでのぼりつめた范成大は、とくに人材登用の手腕にすぐれ、相手の瑕疵を気にせず有能な人材を取り立てた。彼のおおらかさは、その詩風にもうかがえる。范成大六一歳の田園詩を一首みてみよう。

「四季の田園でのくさぐさの思い」
柳絮が飛ぶこの奥まった路地には、馬や鶏の鳴き声がきこえる。
桑の葉はまだ細い新芽の状態で、緑生い茂る様子にはまだほど遠い。

私は居眠りから覚めて、とくにすることもない。
晴れた日の日差しが窓いっぱいにふりそそぐなか、蚕が卵から孵るのを眺めている。

柳絮は柳の種に綿毛のようなものがついて飛ぶもので、春の風物である。范成大は春の昼下がりの陽だまりのなか、昼寝から覚めてとくにすることもなく、ぼんやりと蚕の孵化をながめている。蚕の孵化はそこが生産の場であることを示しているが、范成大は陶淵明とちがって、働く農夫ではない。昼寝をして、何をするでもなく無為に過ごしている。しかし、生産の場で非生産的に過ごしているにもかかわらず、その様子はけっして否定的には描かれていない。孔子の弟子宰予が昼寝をして孔子から戒められたように、昼寝は儒教的価値観では悪い事だとみなされるが、范成大は罪悪感を感じていないようだ。むしろ、ゆったり過ごすことがその場にふさわしい風雅な価値を持つ行為であるかのように描かれている。
范成大は、陶淵明のように農作業をするでもなく、孟浩然のように農夫と酒を酌み交わすわけでもない。はたまた王維のように農村の現実とは離れた別荘にいるわけでもない。現実に密着し、生活感にあふれつつも、范成大は典雅な知識人として田園に溶け込んでいる。

以上、六朝・唐・宋の山水田園詩を紹介してきた。山水詩は自然美を、田園詩は農村生活を詠うものであったが、しだいに、田園詩と銘打つ山水詩や、山水詩のごとく典雅な田園詩も作られるようになった。自然に対する恐怖心が薄らぎ、城外に積極的に足を踏み出した詩人たちは、山水詩と田園詩の間の壁をも時にのりこえんとした。

14

潜在的人類を探索するワークショップ

安斎 利洋

1　はじめに

携帯電話が「ケータイ」と呼びならわされ、カタカナ表記されていた二〇〇八年、「未来のケータイ」を企画立案する演習授業が早稲田大学にあり、学生たちは半年をかけてさまざまなプランを練り競い合った。私は授業の最終日に電話会社の研究者とともに呼ばれ、審査にあたった。いくつか作品を列挙してみよう。

【アツメオン】身の周りの音を集め、友達と仮想の環境音空間を共有する。
【遊フォン】カメラで撮ったその場の写真から可能な遊びを検索し、サポートする。
【パキポ】体調や日々のトレーニングを記録し、健康をサポートする腕時計型ケータイ。

ネーミングも含め、業界ですぐさま使えそうなアイデアが並び私たちを驚かせた。一方で私はふと次のような疑問をいだいた。
「はたして未来にケータイがあるだろうか」

この原稿を書いている七年後、「ケータイ」という語は「スマートフォン」にとって代わられつつあるが、いずれケータイがなくなることはその時点でも容易に想像できた。そこには「なにか」があるはずだが、姿のない「なにか」について考えることができるだろうか。

図１

早速私は自分の担当する武蔵野美術大学の授業で、まったく逆の課題を投げかけてみた。

「ケータイのない未来を考え、Ａ４の紙にドローイングせよ」

いくつか特徴的な回答を挙げてみよう。

【守護霊】守護霊同士が会話をし、勝手に約束をとりつける。どんな距離があってもＯＫ。

【遍在する電話】規定の比率の矩形《くけい》にモノを切る、もしくはその大きさにペンなどで区切ると、紙でも布でもそれが電話になる。破れば電話じゃなくなる。

【日本伝統行事ケータイ投げ祭】イタリアのトマト投げ祭のように、お互い心を無にしてケータイを投げ合うことで日ごろの資本主義へのうっぷんを晴らす。ケータイはこの祭でしか使われない。

【樹になろう】幼児期に頻繁に土中にいれ、土との整合性、耐久性を養う。一代では無理だから、何代でも持続して行う。樹になろうという気持ちが大事。

どれひとつ実践的に役立ちそうなアイデアではないにもかか

わらず、どれもが興味深い。「ケータイ投げ祭」は、空洞化しながら回り続ける伝統の無根拠性をうまくあらわした秀作だし、「守護霊」や「遍在する電話」は未来のユーザーインタフェースを模索する技術者に数十年後のメタファーを提供するはずだ。「樹になろう」に至っては、ケータイの話はどこかにいってしまって、人間そのものを変えようと提案している。

大学による気質の差もあるが、それだけでこの違いを説明することはできない。ここにあるのは「問い方」の違いだ。かたやケータイという問い側の項を固定し、そこを起点とする潜在性の束を探索せよという課題を提示している。かたや問いに固定されるべき項を抜いてしまうことによって、問い側の潜在性を問うている。

バッハのフーガの技法は、提示された主題に対して、音形の並行移動、上下、左右（時間）反転、拡大縮小などの幾何学的変換を施し、多様なヴァリエーションを生み出す対位法のメソッドを網羅している。「ケータイのない未来」を問うとき、ケータイという主題を反転させるために開始されるさまざまな変換も、これに似ている。たとえば「ケータイがケータイとは呼べないなにかになる」「ケータイを代替するなにかがあらわれる」「ケータイを必要としない人類があらわれる」等々。

主題を内発的で自然な歌であるとするなら、そこに調和する声部を付加していく限り、自然な歌らしさから自由になれない。「ケータイ」と固定された問いに端を発する思考運動は、問いに制約された可動範囲から踏み出すことができず、ありがちな未来から抜け出すことができない。一方主題から幾何学的に鋳出される変奏は、歌らしさの範囲を乗り越え、奇異であるのに懐かしい、内発的な自然のエッジを探索する。「〜のない」という仕掛けが思考を押し広げ、樹になるところまで人間を人間の外へずらしていくのはそのためである。

2 再帰的運動

ここに難解なパズルがある。*1

「この紙のうえには、1という数字が［ ］個、2という数字が［ ］個、3という数字が［ ］個、1から3まで以外の数字が［ ］個書いてある」

［ ］は虫食いの穴で、ここに書かれていた数字を穴埋めせよというわけだ。ためしに「1という数字が［2］個」と書くと2が増えてしまう。そこで「2という数字が［2］個」と書く。すると2が3個になってしまう。

この問題にとりくむと、次々とあらわれる矛盾を修正するために穴の中を書き換える運動がはじまる。このパズルが難しい理由は、問いが答えによって書き換えられるからである。「漢数字で穴を埋めればいい」という頓智のような解答もあるが、これはむしろ人間がよくやるやりかたで、問いを答えから遮断する。

問いはふつう、答えの外枠となる上位階層にあり、答えによって書き換えられることはない。問いは一貫性を保ち静止するので、推論が可能になる。この構造が、人間の論理的思考を支えてきた。しかし問いに空欄があり答えによって逐次書き換えられると、なにについて推論しているのか刻一刻と変わる状況を作り出してしまう。

たとえば駅から自宅まで歩く過程で考えていたことをメタ認知すると、なぜその推論を起動したのか説明できない思考が多々混信している。散漫だからという理由だけではなく、思考の運動は虫食い穴を埋めるように刻一刻と問いを変更していくからだ。人間を特徴づけるのは推論の力ではなく、なにについて推論を起動するか、その背景にある作動の複雑さにある。
「問い・答え」は形を変えて「計画・行為」「作者・作品」「教師・生徒」「道具・素材」「プログラム・データ」「人間・環境」などの階層性を作り出すが、これらの二項は注意深く分離されてきた。しかし一元的なマシンで遂行される世界の諸現象の中で、上位階層と下位階層は互いに浸食しあい、複雑に作動している。

階層性が崩れると、とたんに再帰的な運動がはじまる。道具は素材として書き換えられ、計画は行為の先まで保留される。プログラムがデータとして書き換われればセキュリティーは脆弱になるが、プログラム自身がプログラムをデータとして扱えなければソフトウェアはソフトウェアを作ることができない。旋盤が旋盤を加工し、3Dプリンタ（三次元のデータをもとに樹脂の積層などによって立体物を作成できる装置）が3Dプリンタを射出する手に負えない運動の連鎖が世界を作り出している。

たとえば「人間が幸せに生存しつづけることができる技術とはなにか」という問いをたてるとき、「人間の幸せ」は暗黙に合意されている。しかしケータイを手にいれる前と後で人間の幸せは変わっているし、恋愛のしかたも食事のしかたも変わっている。「人間とはなにか」が変わっていると極論することもできるだろう。

人間がかくありたいと願うビジョンと、そこから作られる人工物の関係は一方的な矢印ではなく、人工物がビジョンを作る還流をあわせもつ共進化系である。それが高速に循環するエコシステムでは、安定したコントローラーとしての人間の立場を維持する固定的な問いはたちまち有効性を失う。

そこで、問いや計画が空欄のまま動き出す方法があちこちで模索されはじめている。近年、ワークショップというスタイルへの関心が高まっているのもそのひとつのあらわれである。とりわけ教育の分野でワークショップ研究がさかんに行われるようになったのは、教育の主眼が知識伝達から作動へ広がりはじめた証である。

3　ワークショップ

ワークショップというカテゴリーを一言でくくるのは困難だが、あえて「コンテンツではなくプロセスへの関心を共有すること」として、輪郭を描きはじめてみよう。

たとえば芝居にしても講義にしても、あらかじめ準備された内容の伝達を目的とする集まりをワークショップとは呼ばない。一方、芝居の稽古場に観客を呼び、芝居作りを共有するのはワークショップだ。知識をゴールとするのでなく、知識を得るためのプロセスをどのようにしたらよいのか、その試行錯誤が含まれる研究会はワークショップと呼ばれる。レストランのメニューではなく調理場のまかないメシを追求することや、家を建てること自体が目的となって増殖をはじめた変な家なども、その倒置した構造がきわめてワークショップ的であると考えられる。

このようにワークショップを概念として拡張していくと、たとえば「ワークショップ的なテクノロジー」のような語法が可能になる。技術とはなにかを考えるとき、人間がより豊かに生きるための設計・制作であると考えるのは（それは一般的な技術観だが）ワークショップ的ではない。ワークショップ的な技術は、「人間がより豊かに」にあたる暗黙の目的が空欄でなくてはならない。

人間にとって良い技術ではなく、ある技術を良いとする人間が作れるか、ワークショップとはそのような反転した問いを可能にする。それは人間が自ら規定している人間らしさを離れて、人間の潜在性の地平線がどこにあるのかを探りあてる方法でもある。

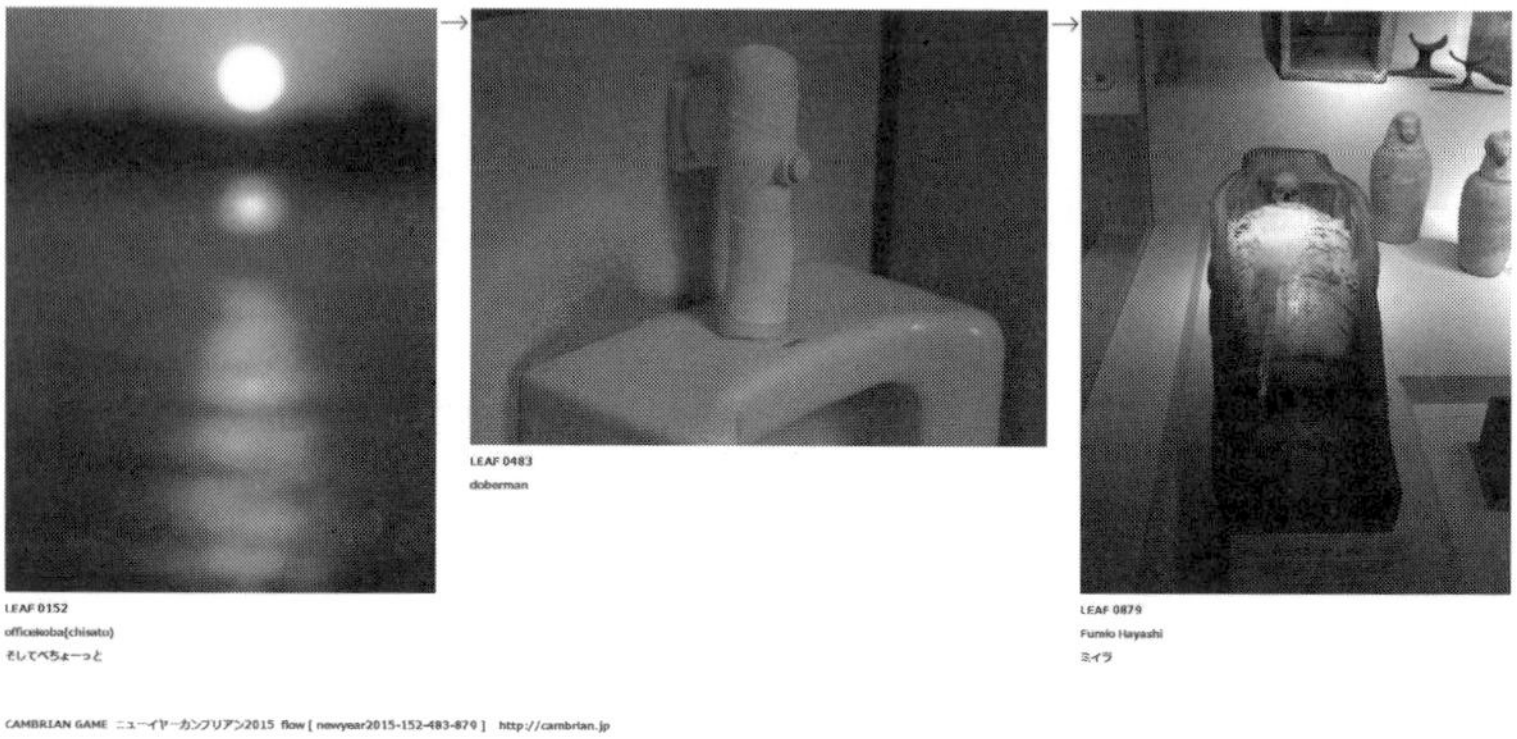

図2

二十世紀のはじめに隆盛を極めた芸術運動「シュルレアリスム」は、この文脈において人間の潜在性をひらく壮大な複合ワークショップであると解釈することができる。複合というのは、オートマティスム、コラージュ、優美な屍骸、ディペイズマン、デカルコマニーといった具体的で再現可能な技法が、それぞれ独立したワークショップデザインとみなされるからだ。

私は近年、階層の綻びを基本戦略とし、人間の潜在性の拡張を目論むワークショップをいくつか設計してきた。その中から三例と、二つのツールを紹介する。ワークショップは、知識ではなく作動に関心を寄せる。したがってワークショップデザインは、養蜂家がミツバチの野生的な巣作りを喚起する巣礎を用いるように、探索的な運動を誘発する構造を準備しなくてはならない。

これらには、ワークショップという短期的なイベント設計ばかりでなく、ワークショップ的な科学技術、ワークショップ的な経済、ワークショップ的な社会の設計に寄与するデザインパターンが含まれるだろう。

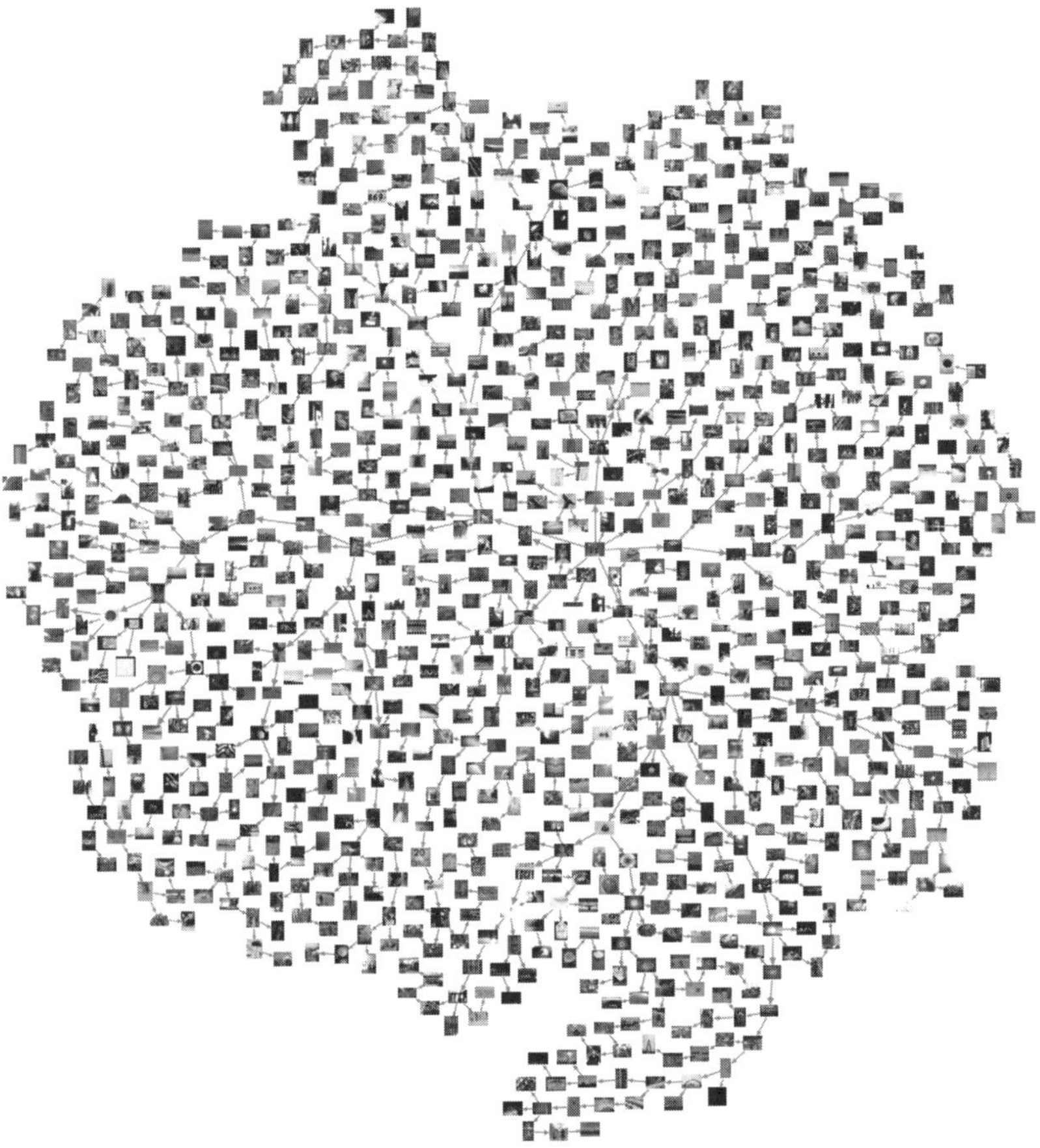

図3　カンブリアンゲームの樹全景

4　設計

カンブリアンゲーム

図2は、カンブリアンゲームと名付けられたコラボレーション[*2]が作り出した樹形（図3）から、ある一部の流れを切りだした断片である。「日没の太陽」「テープで巻かれた水洗ボタン」「ミイラの棺」というこの流れは、逆に連結してもまったく不都合がない。

日常的な視覚は、ある形を見れば「ペットボトル」「机」というように、誰が見ても同じ意味に落ち着く強い引力を暗黙のうちに共有している。写真などの視覚表現は「〜として見よ」と誘導する文脈を暗黙にかかえていて、もしどの意味にも落ちていかない対象があれば、見るひとをためらいに陥れる。

カンブリアンゲームの樹に配置される画像（葉という）は、日常的に「〜として」見られる最前面の意味が保留されている。なぜなら、葉Aは付けられる次の葉Bによる転義が予定されているからだ。太陽は水流を起こすボタンに転じ、便器は棺に転じる。つまりここでは、意味を積み上げるシンタックスが逆行している。カンブリアンゲームはひとつの葉から複数の葉が分岐するので、葉の多義性は樹とともに成長する。

太陽の強い光線をマスクすると周囲にプロミネンスがあらわれるように、強い意味を隠すことで葉の周辺に多義性があらわれる作用を、私たちは「蝕」と呼び、蝕によって日常的の外に意味が像を結ぶことを「星座作用」と呼んでいる。

カンブリアンゲームの中で、鑑賞と制作は同時にしかおこりえず、作者と読者は階層化しない。このゲーム

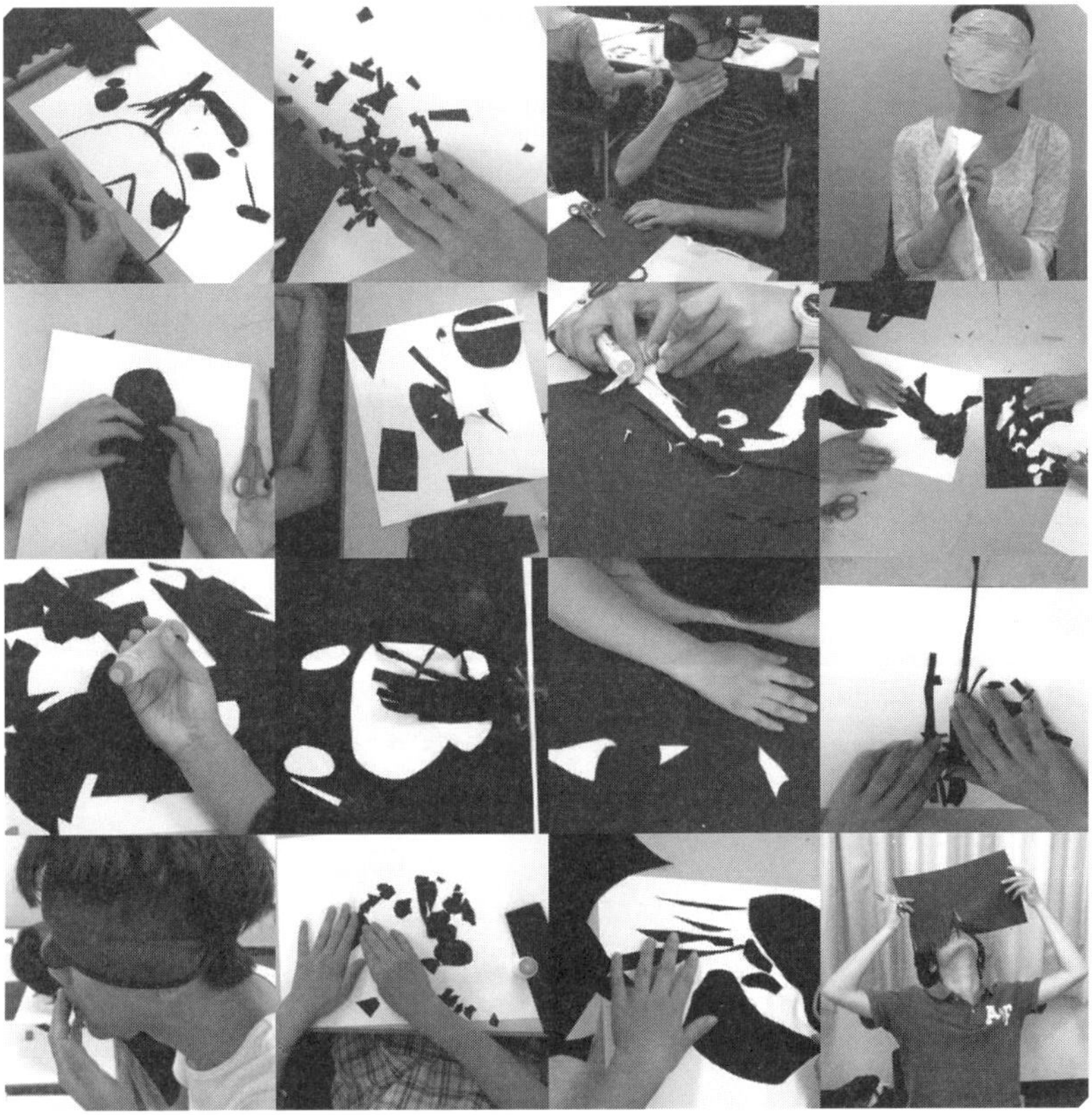

図４　触覚的自我制作風景

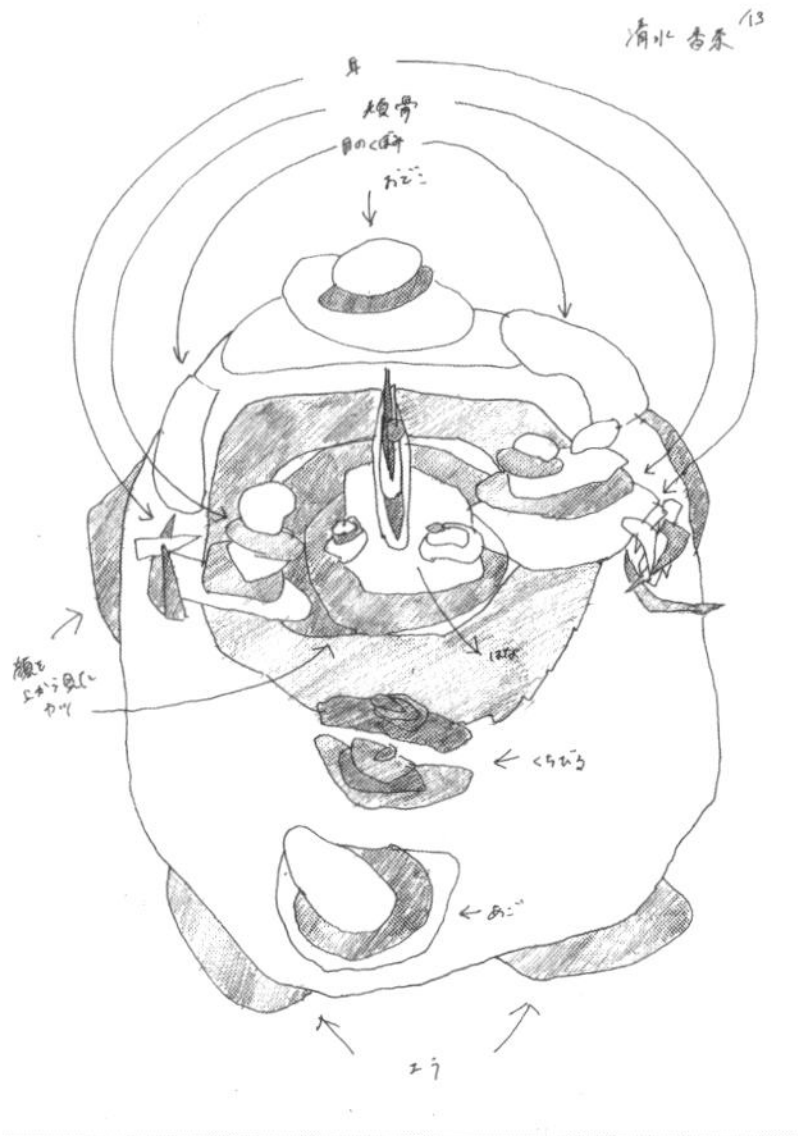

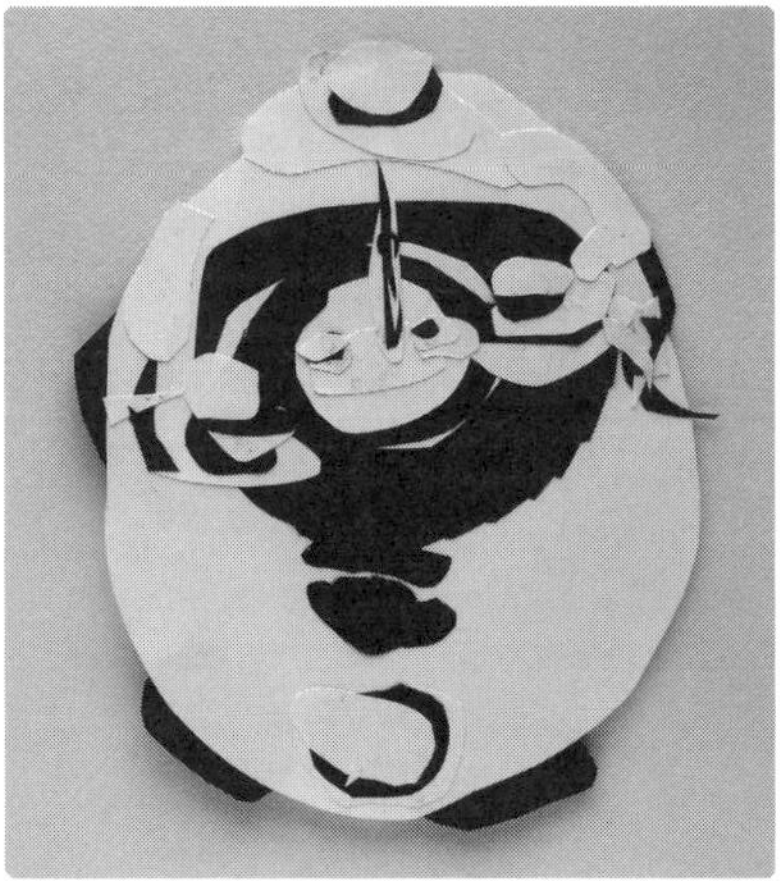

図５　作品と解題

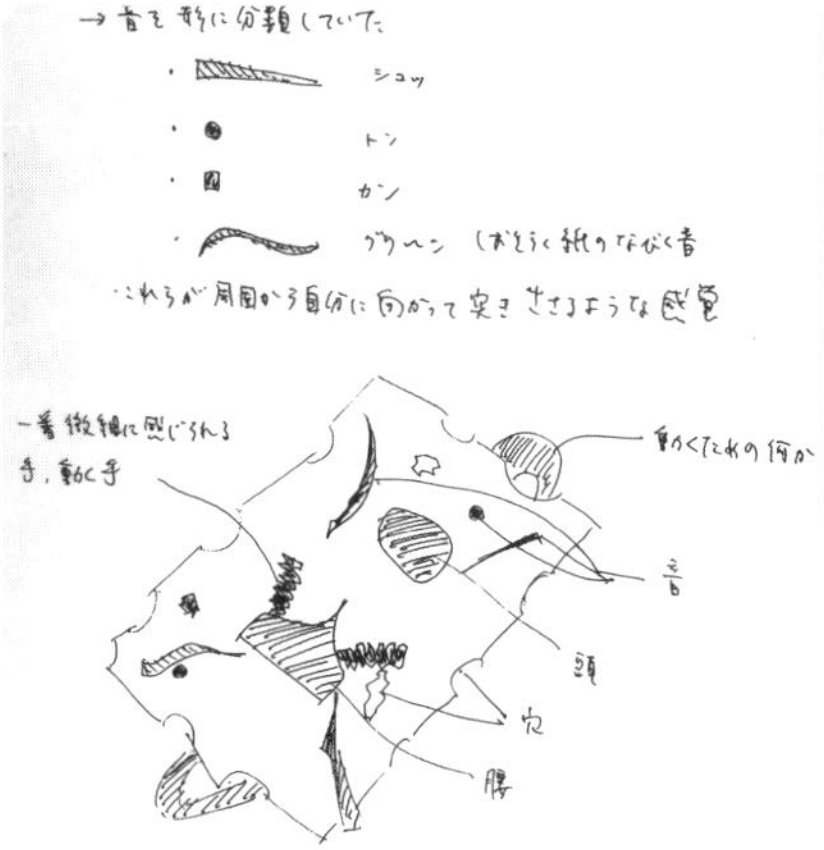

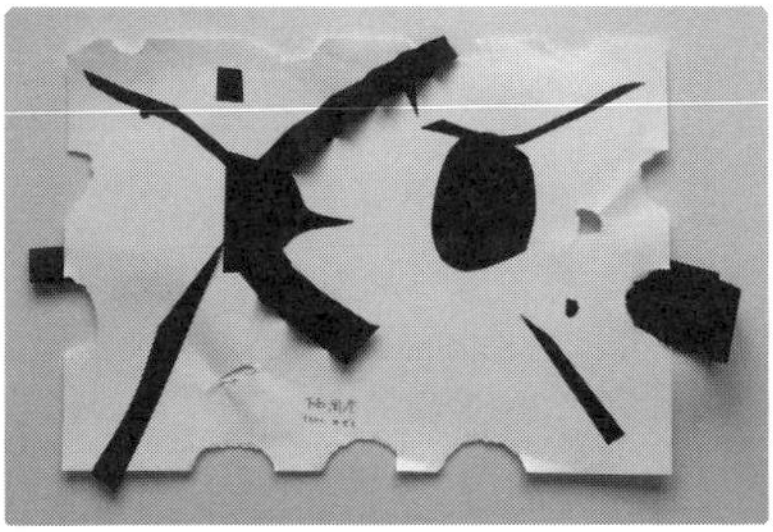

図６　作品と解題

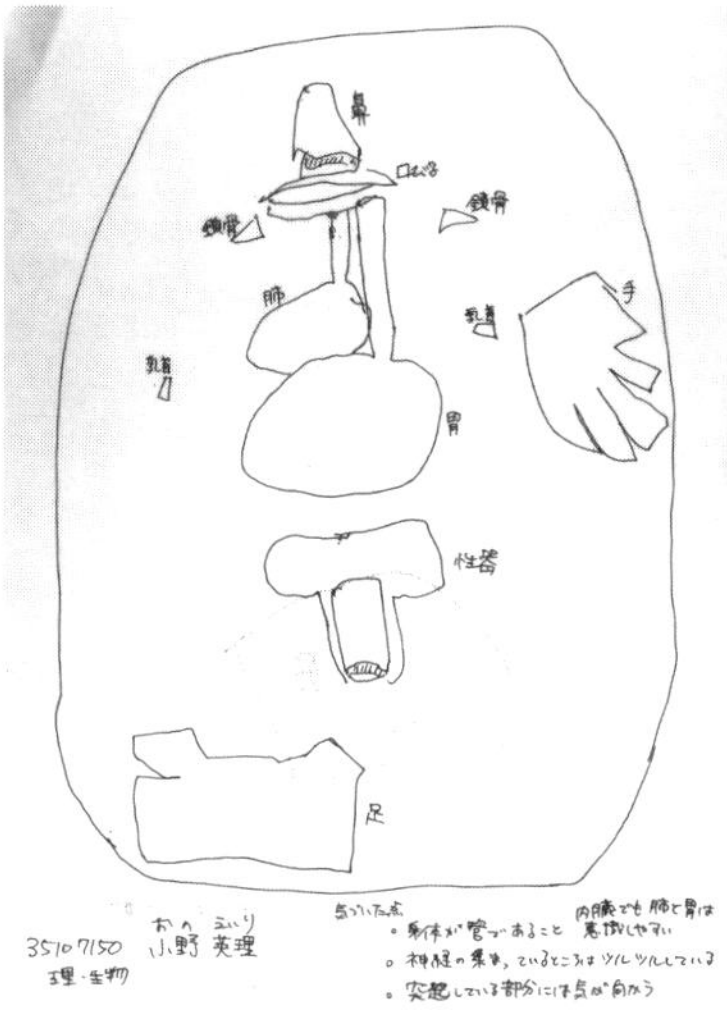

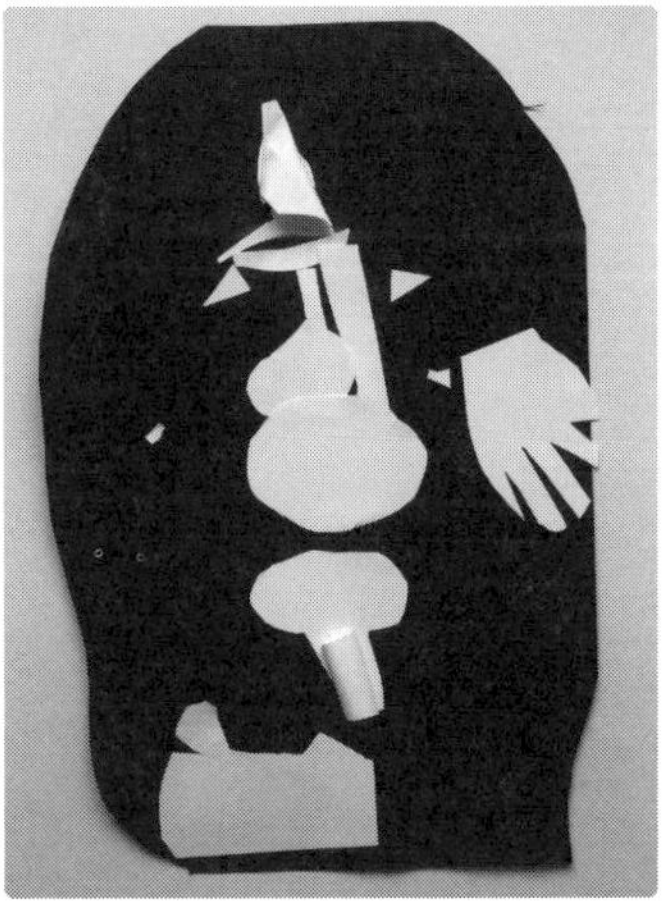

図7　作品と解題

に参加すると、気になる被写体にカメラを向けているうちに、逆に被写体から見られていると感じるときにシャッターを切るようになる、と告白する連衆（参加者）もいる。つまり、私と対象という階層性も反転しはじめる。

触覚的自我

自画像はふつう鏡に映った顔を中心に描かれるが、人類にもともと視覚がなかったらどのような自画像を描くか問うてみる。視覚的な自画像は、鏡を介して自身を見る他者の視点を作り出すが、エルンスト・マッハは左目の網膜に投影された原データとしての自我を描いている。そこには鼻の側面や手足が描きこまれているが、日常的にはゴミがついているなどの違和感を通してしか鼻を意識することはない。

アイマスクで眼を隠し、マッハが目でしたことを触覚で行ってみると、顔の輪郭は光学的な輪郭とは異なり、鼻から後頭部まで一体となっている。手をすり合わせると「触っている」と「触られている」が分かちがたく混ざり、それは舌と口腔、股間、内臓同士など、こすれあっている身体の他の部分にも発見できる。尻や足の裏に感じるのは椅子や床なのか、体重そのものなのか。毛根が感じる感覚は髪の毛なのか、その延長にある空気なのか。触覚的な自分の俯瞰像はあるか。私と環境はなにが区切るのか。触覚的な解像度を上げていくと、さまざまな違和感を分離することができる。

アイマスクをかけたまま、滑らかな白い紙とざらざらの黒い紙、はさみ、糊を使い、一時間ほど時間をかけて触覚的な私とそれをとりまくものの絵を描く。その後、アイマスクをかけたまま他人の描いた絵を触ってみる（図4）。最後にアイマスクを外し、自作品をA4の紙にスケッチし、解題を書く（図5〜7）。

以上が、非視覚という見え方を知るための「触覚的自我ワークショップ」[*3]の概要である。

可能人類学

ボルヘスの小説『バベルの図書館』に描かれた図書館には、これまでに書かれたすべての本、これから書かれるすべての本が収蔵されているので、『バベルの図書館』自身も収蔵されている。この途方もない図書館を実装する試み[*4]はこれまでもなされてきたが、私はサブセットである『バベルの広辞苑』を制作した。

この辞書はエアシニフィエジェネレーター（空意味発生器）とも呼ばれ、濁音半濁音を含む五十音のシラブルが書かれたカードでできている。読者は任意の数のカードを引いて並べ、ひとりまたは数人でそれを囲み、意味を無意識から検索する。たとえば

【もるうつこ】夏から秋に変わるある日、軒下にあらわれる身長三十センチほどの精霊。

【つばみむ】極度の緊張または興奮で思わずつばを飲み込む状態をさす。唾液を口の中に含んでいる状態で発音されることもある。

【げやしむい】東北地方に伝承する妖怪。雪の日に荷物を運んでいると、その積荷に乗り荷を重くする。現代において、げやしむいの乗った画像データは重くなるためブラウザにあらわれることはない。

このような語彙空間の探索を通した潜在的人類の研究を可能人類学と呼び、検索された語は、Rememe Wiki[*5]というインターネット上の辞書サイトに詳細にまとめられている。ここには、あるかもしれない人類のあるかもしれない風習、神話、料理、発明、言語、書物、祭、建築、法律、戦争、魔物、遊戯など、可能世界のあらゆる語彙があらかじめすべて網羅されている。

検索語の内容が空欄である場合、検索者（たち）は音韻が喚起する像に導かれて、意味や物語や資料をRememe Wikiに記述する必要がある。記述の経験者はたいてい、空欄を人物や風習や動物や薬などで満たしていくなにものかの力に驚愕する。

なおrememeとは、meme（ミーム）のブートストラップをもう一度はじめからやりなおすことで、通常は「れめめ」と発音する。「れめめ」自身も空意味発生器から引きだされた。

5 探索ツール

れめめ味

ボルヘスのバベルの図書館に収蔵された本のほとんどは、意味のない文字の羅列である。同様に、もし現実世界のパラメーターを組み替えた可算無限な様態をすべて含む可能世界の集合があれば、そのほとんどが意味のないジャンクの海だ。そこに作動可能な「あるかもしれない世界」の渦が、島のように浮いている。島をつなぐ軌道があり、世界は引き込まれるように島から島へ遍歴する。これはカオス的遍歴からイメージした潜在性探索のための地図である。

作動可能な潜在的アトラクターの中には、現世界の内部から予測しようのないものがあるし、現世界ではあらわれないパラメーターで作動するものもある。「あるかもしれない世界」の分布は奇跡のようにまばらで、はるか手の届かない遠方まで広がっている。

そこで、作動可能性を計る「れめめ味」を想定する。れめめ味は俳句における俳味のように、ある黙約された判定基準である。れめめ味はたんに「ありそうな感じ」だけでなく、ぎりぎりまで「なさそうな感じ」をあわせもつ絶妙な距離にある。「れめめ味」を口にしているうちに、この仮想の評価関数は育ち、機能しはじめる。

多様決

多様決は、多数決への批判をこめて設計された新しい評価メソッドである。たとえば、イイネ三枚、ヤバイネ三枚のシールをワークショップの参加者がもち、お互いの作品に貼って評価しあう。評価はイイネとヤバイネの積で決め、たとえイイネを百枚集めても、ヤバイネが0なら評価は0になってしまう。

好感を誘う作品はイイネを集めるし、刺激的で違和感のある作品はヤバイネを集めるが、両方を集める作品は、ひとによってはイイネだがひとによってはヤバイネというきわどいエッジにある。多数決は雪崩のように価値を一様にまとめてしまうが、多様決は価値を多次元化する。

多様決評価は、制作に先立って宣言されなくてはならない。多様決評価を前提に開始された制作は動く標的を追うフーガのように運動し、奇異で懐かしい作品を生み出すはずだ。

注

1　小谷善行『数学パズル チャレンジ超問１２０』、Newton別冊、二〇一四。ここではあえて正解を明かさないが、このパズルにはアラビア数字を用いても矛盾のない解がある。

2　カンブリアンゲーム http://cambrian.jp/

3　触覚的自我 http://renga.com/anzai/lab/tactile_ego/

4　幸村真佐男『二言絶句全集』、一九八五。ＪＩＳ第一水準、第二水準の漢字二つの組み合わせからなるすべての可能な二言絶句が印刷・製本されている。『五言絶句集』(二九八六〜)は、可能なすべての五言絶句からの選集である。

5　可能人類学 Rememe Wiki http://cambrian.jp/rememe/wiki/

15

エクササイズとしての無為自然

野村 英登

はじめに

中国武術には動物を模倣する動作がたくさんある。熊や虎のような猛獣の獰猛さ、燕や鷹のような空を飛ぶ鳥の素早さ、あるいは蛇のようなしなやかな柔らかさ、どれも人間が持ち合わせていない特別な力を、動物から学び身につけようとするものだ。一方で、養生のために動物の動きを真似る伝統もある。例えば『三国志』で曹操に殺された名医華佗が創始者とされる五禽戯《ごきんぎ》は、虎・鹿・熊・猿・鳥の動きを真似るもので、現代中国では国家認定の健身気功の一つとして、その健康への効果が期待されている。

武術も養生も、自分を害する敵や病から自分の身を守るという、切実な目的から生み出された。だから実際にどれほどの効果があるのかは別にしても、そこには切実な答えがある。自然の何を模倣しようとするのか。身体を如何に使ってその模倣が可能になるのか。この小論では、武術や養生の身体技法の中に、人間の身体と自然環境を接続する実践的な思考の営みを追いかけてみたい。

1　流水は腐らず

「熊のように体をゆらし、鳥のように体をのばす」（熊経鳥伸。華佗は「熊経鴟顧」、鷹のように首を回す、とする。以下引用はすべて拙訳）という言葉がある。後漢末の華佗に先立つ、先秦から漢初の思想が反映されている『荘子』や

『淮南子』では、これを呼吸法と合わせて仙人が行う寿命を延ばす方法とみなし、「導引」と名づけている。一九七四年に馬王堆から出土した四十四の人が運動しているような図は、その中の一つに「熊経」と題辞されていたことから「導引図」と呼ばれている。華佗の五禽戯はこの「導引」を元に考案されたと考えられる（図1、2）。

しかし、そもそも動物の動きを真似ることが、どうして健康法になるのだろうか。真似るという行為の淵源にはトーテミズム、神的存在としての動物の力を借りるという意味があったかもしれない。しかし古代の中国人はそこに理論的な裏づけを試みた。華佗は、「人体は動くことを望んでいるのに、普段は十分に使ってないだけだ。体を動かせば、食べた物が消化され、血液がよくめぐり、病気にならない。扉の軸のように（いつも動かしていれば）、朽ちることがない」と主張し、「導引」が有効なのは「体をのばし、関節を動かすことで老化を予防できる」からだとしている。「体が不快なら、五禽戯の一つを行えば、汗が出て、血色がよくなり、体が軽くなって食欲が出る」と、華佗は五禽戯の効能を述べる（『後漢書』方術伝。なお文中の「食べた物」は原文「穀気」の意訳）。

図1　「熊経」復元図（白杉他、2011）

図2　「鸇」（猛禽類）復元図（同上）

この解釈だけを見れば、現代の健康観と変わらない。ストレッチをして血行をよくすれば病気予防と健康増進につながる、と言っているわけだから。この体内の循環をよくするという考え方は、身体と自然の関係を考える上でとりわけ重要である。

やはり先秦の思想をまとめた『呂氏春秋』という書物では、前述の扉の比喩と合わせて、「流水は腐らず」という表現が使われている。川のように流れ続けている水は清らかなままだが、その流れが止まれば徐々に汚れが溜まりやがては腐る。人間の身体も同様で、身体を動かさないでいると、「精気」の流れが悪くなり鬱積して病気のもとになると説いている（『呂氏春秋』尽数篇）。

この「精気」とはいったい何か。『呂氏春秋』では、天の構造について「天道を丸いというのは、精気が上がったり下がったりして、還流して混じり合い、とどまることがないからだ」（『呂氏春秋』圜道篇）と述べる。古代の中国人はこの世界を天円地方、四角い大地の上に丸い半球状の天空が覆い被さっていると考えていた。天が丸いのは太陽や月、星々の運行から想像したのだろう。そしてその本質が、止まることなく常に流れ続けていることにあると考えた。ではいったい何が流れ続けているのだろう。古代の中国人はそれを「精気」だと想定した。

その「精気」は、「鳥に宿れば鳥が飛べるようになり、獣に宿れば獣が走れるようになり、宝石に宿れば宝石が輝くようになり、樹木に宿れば樹木が生長し、人間に宿れば人間が聡明になる」ものだと考えられていた（『呂氏春秋』尽数篇）。つまり「精気」とは生命力のようなものであり、それが宿ることで万物それぞれの本来の性質を発揮させてくれるものなのだ。しかしその「精気」の流れが止まり、身体の中に溜まってくると、逆に病気になってしまう。何故なら「精気」の本質は流れることにある。流れが止まれば、水のように腐ってしまう。身体にできるしこりは「精気」が澱んで溜まったもので、病気の原因となる。だから身体を動かして「精気」の流れを促進させる必要があるというわけだ。

重要なのは、この「精気」の流れは、一個体の中で完結しないということである。一人の人間は天地の間に張り巡らされている「精気」の流れの一支流なのだ。だから人間が健康に長生きする方法は次のようになる。

天から陰と陽が生まれ、寒暑や燥湿、春夏秋冬と、万物が変化するようになり、その変化は人を利すこともあれば害することもある。聖人は陰陽の変化の機微を察知し、万物の利となるものを見極めることで、人が生きる助けとした。だから精気と精神が身体に安定し、寿命を延ばせるのだ。（『呂氏春秋』尽数篇）

季節気候は一年を通じて刻々と変化するが、その中でも、寒・熱・燥・湿・風・雨・霧が大きく変化すると、体内の「精気」にまで影響が及び健康を害すると『呂氏春秋』は説く。聖人、天地とつながった特別な人間は、普通の人間では感知できない自然の変化を見極めることができる。そして、聖人のような細やかな変化に対応できる感度を持てば、人間自身の都合で身体を動かすのではなく、天地の変化に合わせて動いていくことを可能にする。例えば、寒さに体を震わせてから厚着をしても遅い。かといって寒くもないのに衣服を着込んでいては熱がこもって体調を崩してしまう。しかし寒くなりはじめのかすかな変化に気づいて対応すれば、健康を維持するのは容易い。理屈として単純だが、それを実行するのはなかなか難しい。現代人の私たちの感度が鈍っている、ということではない。『呂氏春秋』の書かれた二千年以上の昔から、自然の細やかな変化を察知することは聖人にのみ可能な難しいことだとされていた。

2　微かな音が深奥へ響く

漢代には天人相関の思想が発展した。人体を一つの小天地（ミクロコスモス）とみなし、人体は我々人間を取り巻くこの世界、天地（マクロコスモス）の似姿であると考える。二足歩行の人間は、身体が天地に対して直立している。丸い頭部が天蓋に、両目が日月に対応するなど、他の動物のよりも天地の構造により似ている。だからこそ万物の霊長なのだという考えがあったようだ（董仲舒『春秋繁露』。本人の著作かどうか疑わしくもあるが、当時の天人相関説の典型はここに見て取れる）。

しかしどれだけ人間の尊さを誇ろうとも、病や死を目の前にすれば、自らの無力さを悟らざるを得ない。社会的文化的な生活を営むようになった人間は、屋根のある住まいや暖かい衣服や便利な道具で快適な生活を得た一方で、自然から断絶され「精気」の流れを狂わせ病に苦しめられることになる。そこで自然とのつながりを取り戻すために、動物の動きを模倣し、それによって健康と長寿を得ようとした。ここでは深く立ち入らないが、例えば風水も、人工的な都市や家屋に空気と水の流れを取り入れることで、快適な居住空間を作り出そうとする試みである。つまり自然環境との連続性の回復を目的とした都市設計ということだ。

ようするに、動物の動きを模倣するのは、目に見える表面的な動作に意味があるからではない。目に見えない身体の内側に働きかけるための手段として重要なのだ。この考え方にもとづく鍛錬を秘伝として伝えていた、ある中国武術家の逸話をみてみよう。

直線的な動きと激しい突きで知られる形意拳の歌訣（秘伝を詩歌の形で伝えたもの）に「虎豹雷音」という言葉があ

る。字句からだけだと、虎や豹が吼えるように大声で敵を威嚇することを想像してしまう。しかし尚雲祥(一八六四〜一九三七)という達人は全く異なる解釈を弟子に教えた。ある日尚雲祥は小さな仔猫をなでながら、虎や豹を見たことがなくても、猫を観察していれば「虎豹雷音」の意味が理解できるのだと語り、弟子の両手の上に仔猫を置いた。仔猫が小さくうなるとその体を通じて振動が両手に伝わってくる。それだ、と尚雲祥は次のように諭した。

武術の修行が一定段階まで達すると、骨格や筋肉はしっかりまとまってるので、続いて力を練って身体の内側に向け、五臓六腑に浸透させる練習をする。この次の一歩が難しく、声を発して力を引き入れるのだ。声は内から外へ、力は外から内へ、こうして内(内臓)と外(筋骨)が呼応して一体となれば、修行の完成だ。……だから雷音とは、雷が落ちるときの激しい音ではない。雨が降る前の、空の中からゴロゴロと鳴る音がそうだ。鳴っているのかいないのかはっきりしない音の方が、深いところまで届くのだ。

そこから尚雲祥は弟子に具体的な発声法を教えたということである(『入門且一笑』、李仲軒、二〇〇六)。雷が大きく音を鳴らすその直前のきざし。獣が大きく声を発するその直前のきざし。それは前述の『呂氏春秋』の思想で敷衍すれば、万物を動かす目に見えない力、「精気」が、目に見えるものとして立ち現れるその直前の一瞬ということになろう。そのきざしを自分の身体に探し、目に見えない「精気」を身体で感じ取り操作することが、身体を鍛錬する上での鍵となるわけだ。古代中国と近現代とで、このような身体と自然の関係性が共有されているのは、「精気」なるものが実在するかどうかに関わらず、目に見えない身体の内部を感じ取る繊細な力を、人間がもともと持っているからではないだろうか。ただしその能力を取り戻すには一定の訓練が必要になる。動物の動きを模倣するのはその訓練の一つというわけだ。

3　空虚な心臓に神は宿る

前掲の『呂氏春秋』では、寿命を延ばすために、「精気」と「精神」を身体に安住させることを説いていた。「精気」についてはすでに述べた通りだが、それでは「精神」についてはどうすればよいのか。『呂氏春秋』では、喜・怒・憂・恐・哀の感情が大きくなると、「精神」に影響し健康を害すると説いている。ここでいう「精神」は現代の私たちが考える精神とは、似ているようで少し異なっている。「精気」と同様に、「精神」も身体の外からやって来ると古代の中国人は考えていたのだ。この問題を論じる上で、もっとも重要な文献が『老子』である。『老子』は諸子百家の道家を代表する書物で、一般には哲学書として紹介されることが多い。しかし元々は、『韓非子』や『史記』などがそうだが、政治と養生に関する実践の書として読み解かれてきた側面があった。ここでは、河上公という神仙が前漢の文帝に授けたものをまとめたと伝えられる『老子』の注釈書（『老子』河上公注）にもとづいて、「精神」と身体の関係を探ってみよう。

まず『老子』第五章に注目してみたい。「天地は仁のような思いやりなど持っていない。万物を（祭りが終われば捨ててしまう）藁で作った犬形のようにみなす」と述べ、この世界に人格神のような主宰者がいないとする。そして河上公注は次のように説く。

天地の間は空虚で、和気が流れめぐっている。だから万物は誰かに命じられることなくそれぞれが生きていける。人が情欲を除き、美味しい食物を控え、五臓を清らかにすれば、神明がそこに住まうだろう。

ここでは「精気」ではなく「和気」と呼んでいるが、基本的な世界像は『呂氏春秋』と同じといってよい。ただし天地の間が「空虚」であることを重視している。器が器として使えるのは単なる土の塊ではなく物を入れられる窪みがあるからだ。部屋が部屋として使えるのは人が動けるだけの何もない空間があるからだ（第十一章）。誰かが命令せずとも、人や物は自由に動ける空間さえあればそれぞれが最適な選択をできると考えるのだ。

もともと古代中国では、天を人格神として信仰していた。しかし神のような超越的な存在が本当にいたとしても、誰の目にも見えるわけではなく、誰の耳にも聞こえるわけではない。それでもこの世界に生きる多くの存在は、自分で自分の生きる道を見つけていく。そう、ここでなぜ比喩として道という言葉を使うのか。道というものは、本来誰かがこうと決めてできるものではなく、周りの環境に左右されながら、何度も繰り返し誰かが歩いていくことで、道になっていく。『老子』は、「人は地に法り、地は天に法り、天は道に法り、道は自然に法る」と説く（第二十五章）。万物がどう生きていくのか、世界がどう変化していくのか、その道筋は誰かの意図でなく自然に決まっていく。いわゆる『老子』の無為自然の思想である。

だからここで「精神」といい「神明」というのは、万物が自然とその持てる力を発揮させてくれる何か、を意味する。だから「精気」と同様に、身体の外からやってきて、身体の内に宿る。神がいると考えられていた天空は、大地と反対に何もない空っぽの空間である。であるならば、身体においても「精神」が宿る場所は空っぽの空間ということになる。その場所として考えられたのが五臓である。

『老子』第三章の一節に「聖人の治は、その心を虚にし、その腹を実にし」とある。民には何も考えさせず、ただ飢えることのないようにしておけばよいという、愚民政策として解釈されることもある一節だ。だが河上公注はそこに個人の養生を重ね合わせて読み解く。「（原文の）その心を虚にするとは、欲望や懊悩を取り去ることだ。その腹を実にするとは、道という一なるものを胸に抱え、五臓の神を守ることだ」と解釈する。古代の中国人にとって、感情や欲望は心理状態だけでなく、物理的な現象でもあった。強い感情や欲望を持つとどうなるか。胸が詰まり、苦しくなる。それはつまり心臓の中に情欲が容量を超えて詰め込まれたからだ、と考えた。心臓が隙間無く満たされていると、「精神」がそもそも存在することができない。そこで情欲を心臓から追い出して、心臓を空っぽにすれば、心臓が天と同じ状態になるので、そこに「精神」が天から降りてくる。それはこの世界を動かす道（『老子』はこれを「一」なるものとも呼ぶ）そのものである。そして「精神」が心臓に宿ってそこに留まれば、心臓の下に位置するその他の臓器にもそれぞれの神が宿り、身体全体が自然と機能的に活動しはじめるのだ。

4　無為自然の身体

世界の最初は渾沌としていて、そのうち清らかなものが上に昇って天になり、濁ったものが下に降って地になった。コップに泥を入れ、そのまま放置していれば、水は上に残り、土は下に沈む。天地はそのようにしてできた、と古代の中国人は考えた。そうであれば、上に空っぽの空間が、下に満たされた空間があるというのは、天地のありように他ならない。つまり『老子』の説く「虚心実腹」は、人体を上半身を天に近づけ、下半身を地に近づけ、小天地として再現することで、天地に等しい寿命を得ようとする行為なのだ。無為自然というと、しばしば心理的な態度として捉えがちだが、実際には極めて身体的な問題としても認識されていたのである。中国古代の医学書である『黄帝内経素問』にも、「心が清らかで空っぽであれば、真気が心に従って、精と神が体の内を守る。どうして病気が入り込めようか」（上古天真論篇）と同様のことが書かれている。したがって、この「虚心実腹」の思想もその効果を期待されて実践されていたことは間違いあるまい。

さて、中国武術には、立つ、歩く、向きを変える、ごく日常の動作そのものを鍛錬に仕立て上げる文化がある。そしてそのすべての動作において、実は、『老子』の説く「虚心実腹」が要求されるのである。例えば太極拳に、「虚霊頂勁」と「含胸抜背」という二つの姿勢の要求がある。太極拳が世界各地に普及するきっかけを作った楊澄甫（一八八三〜一九三六）が残した『太極拳十要』の第一と第二に挙げられていることから、もっとも重要な姿勢に対する考え方といってよい。その説明は以下の通りである。

虚霊頂勁

頂勁とは、頭がまっすぐのびていて、神経がてっぺんまでいきとどいてることだ。力を入れてはいけない。力を入れれば項（うなじ）がこわばり、血気がよく流通しない。作為のない自然な意識でなければならない。中が空っぽで外がすっとのびた頭でなければ、精神は高揚しない。

含胸抜背

含胸とは、胸をやや内に落として、気を丹田に沈めることである。胸を張り出してはいけない。張り出せば気が胸のところにとどまり、上は重く下は軽くなり、足元がふらつきやすくなる。抜背とは、気を背中に寄せることだ。含胸ができれば自然と抜背もできる。抜背ができれば、力が背中から発せられて、向かうところ敵無しとなる。（陳微明、一九二五）

精神のために空っぽにする部位が心臓から脳に移動していること、背中について言及していることは、『老子』と大きく異なる点であるように思える。しかし身体技法として見た場合はどうだろうか。結局目指しているのは、胸を緩め、丹田、つまり下腹部に気を充実させることで、気血のめぐりをよくし精神を高揚させることである。それは『老子』の「虚心実腹」で求められていたことと全く同じである。つまり太極拳は『老子』の思想を実践面から解釈を加えて継承しているのである。無為自然の身体ともよぶべきものが中国武術の理想なのだ。

5　天地となって歩く

武術の基本動作と言われれば、殴る蹴る、体当たり、投げる極めるといった直接的な攻撃か、逆にそうした攻撃から身を守る防御の動作をイメージするのが普通だろう。しかし実際により重要なのは、フットワークや間合いなど、相手との位置関係である。中国武術では、『孫子』の兵法を集団戦の理論としてだけでなく、武術家一個人が戦うときの戦略としても理解する伝統がある。「上手に戦う者は、負けない場所(不敗の地)に立って、敵が負けるのを見逃さない」(『孫子』軍形篇)という言葉を、軍隊と軍隊の戦争ではなく、個人と個人の戦闘における相手との位置関係の重要性を訴えるものと読む。『孫子』には曹操の注釈が有名で、例えば「戦いは相手と正面から向き合って、防御していない横方向から攻撃することで勝つ」(兵勢篇)といったように、奇襲攻撃といっても位置関係を重視したシンプルな解釈が特徴である。これなど個人の戦いに置き換えてみれば、相手の死角に移動して攻撃することを説くものとして理解出来よう。自分に有利な位置関係を作る、空間の支配が武術の最重要課題というわけだ。

相手と有利な位置を奪い合うことになったとき、自分はどうすれば有利に立てるだろうか。『孫子』は繰り返し自分の意図を相手に感知させないことが重要だと語る。ではそのための最上の方法は何か。それは自分の意図を持たないことである。自分の都合で動かず、周りの環境と調和して動ける者が強いことになる。ここまで論じてきた養生としての理想の身体は、武術においても理想の身体なのだ。しかしそれを戦いにおいてどうすれば実践できるだろう。その答えは単純明快だ。「虚心実腹」を実現した姿勢がもっともすぐれて無為自然を体現できるのであれば、その思想を維持したまま動き続けることができるよう、身体を鍛練すればよいのではないか、そう考えたのである。

太極拳・形意拳とともに内家三拳の一つに数えられる八卦掌は、走圏と呼ばれる円周上を歩き続けることを基礎鍛錬とし、ほとんどの技の練習を同じ円周上で行うことをその特徴としている。そして走圏の次に単換掌を学ぶ。単換掌とは、その名称の通り、ある方向へ向かって歩いているときに逆方向へ一回方向転換するだけのわざである(図3)。走圏で円周上を歩きながら、単換掌を行い、逆方向に歩き始め、また単換掌を行い、元の方向に戻って、と練習を続けていく。

走圏にしろ、単換掌にしろ、実際には武術のわざとして機能するように考えられている。走圏は少し変化すれば穿掌という貫手《ぬきて》で相手を突く動作になり、単換掌は様々な攻撃の動作へ変化するように構成されている。もっともそうした個々の具体的な攻撃方法を想定して、走圏や単換掌を練習することは戒められている。走圏と単換掌の練習において常に注意すべきことはその姿勢であり、その要求は基本的にこれまで論じてきた『老子』の「虚心実腹」を守ることにある。実際に歩いたり、身体を回してみれば、その要求がいかに難しいかを実

図 3　単換掌（李保華、2013）

感できる。何故なら普段の私たちは上半身や手を使ってバランスを取りながら身体を動かしているからだ。動かず止まっていれば、肩の力を抜くことも、胸を緩めることもそんなに難しくない。しかしそれを歩いたり向きを変えたりしながら行うことは難しい。上半身が不安定になるとすぐに手を使ったり胸に力が入ったりするからだ。八卦掌ではその癖を身体から抜こうと練習する。つまり『老子』の「虚心実復」を体現し、無為自然な身体を回復することを目指すのだ。八卦掌の開祖董海川（一八一三〜一八八二）からもっとも長く学んだ馬貴（一八五一〜一九四二）の教えを今に伝える馬貴派八卦掌の李保華師は、幼子の歩き方や姿勢に学べ、としばしば語る。休んだり眠ったりしているときの人間がもっとも安静にできる姿勢を、歩いたり動いたりするときにも再現せよ、と。それができるようになれば、相手と向き合ったときに、自分が意図して動かなくとも自然と相手の隙をつき、相手の優位に立てるように動けるようになる。武術というおよそ人間の中でもっとも闘争的な行為を技術として学ぶときに、その核となる鍛錬が赤子のごとく穏やかであれ、というのだ。『老子』の「虚心実腹」の思想を現代に受け継いだ好例といえよう。

6 まとめ

ここまでみてきたように中国の伝統的な身体観は、身体を自然環境と同じ構造に近づけることで、自然環境とのつながりが回復され、人間本来の生命力が自然と発揮されるというものであった。実践上は、体は動きながらも、心は静かであり続けることを身体の理想的な状態とした。だから例えば坐禅のように、心を静めることに多大な効果があるとしても、坐ったままでは心が静かであっても体が動いておらず、身体全体の健康のためには不備があることになる（実際、坐禅の後では体の凝りをほぐすことが推奨される）。してみると中国武術は、身体と自然に関する中国思想の伝統を、身体を通して学ぶすぐれた実践の一つだと位置づけられるだろう。

参考文献

白杉悦雄・坂内栄夫『却穀食気・導引図・養生方・雑療方』、馬王堆出土文献訳注叢書、東方書店、二〇一一
陳微明『太極拳術』、中華書局、一九二五
李仲軒口述・徐皓峰整理『逝去的武林――一九三四年的求武紀事』、当代中国出版社、二〇〇六
李保華『馬貴派八卦掌』（ＤＶＤ）、クエスト、二〇一三

Ⅳ

障碍者・高齢者・避難者の環境

16

22世紀身体論
——哲学的身体論はどのような夢をみるのか

稲垣 諭

はじめに

今から一世紀先、私たちの身体に何が起こっているのか。その可能性を縮減したり、矮小化したりすることなく論じ、その構想を展開することはできるのか。興奮冷めやらぬ、再生医療やＢＭＩ(Brain Machine Interface)、人工知能(ＡＩ)を見飽きた先にある身体経験にまで届かせる身体の哲学は可能なのだろうか。こうした問いを半ば真剣に引き受けてみたい。身体論の夢はどこまで拡張できるのか、それが本稿の課題である。

1　身体の百年

手始めに百年前の人間の身体を考えてみる。時は20世紀初頭、第一次世界大戦が勃発する時代である。その頃の人間の身体と、それを取り巻く環境はどのようなものだったのか。夢見るための土台として、その外的な参照項をいくつか列挙しよう。

ホモ・サピエンスという人類の寿命は、後期旧石器時代にいたるまで、ほぼすべての個体が十年から二十年の生を全うしていたという。三千年前になってようやく三十歳まで生き伸びる個体が出現し始めた。その後、文明化とともに人類の寿命は緩慢ではあるが伸びていく。

とりわけ哲学者や思索家の中には長命の者が多い。紀元前のプラトンは八十歳、アリストテレスは六十二歳、紀元をまたぐセネカは六十六歳、紀元後のアウグスティヌスは七十六歳、クザーヌスは六十三歳まで生きたと史実は語っている。

そもそも長く生きられなければ、哲学や思索が成熟することもなかっただろう。よって、多くのことを書き記す者とは長生きしたものであり、優先的に歴史に名が残るよう選択圧がかけられていると予想される。その意味でも、彼らを当時の寿命の基準と考えることはできない。実際には階級や生活水準から見ても彼らは例外的であったはずだ。というのも、平均寿命となると話がだいぶ異なってくるからだ。一七五〇年にスウェーデンで行われた調査では平均寿命はいまだ三十八歳であったという。

日本人の平均寿命を見た場合、江戸時代にいたるまで三十歳から四十歳の間を推移しており、**今から百年前はどうかというと、世界人口が二十億人、日本人口が四千万人の時代、日本人の平均寿命は四十代半ば**であった。

平均寿命がここまで低いのは、五歳までに死亡する乳幼児死亡率がつねに高かったからである。ほんの百年前まで、幼少時代を生き延びるのは至難の業であった。乳幼児死亡率を高める要因である極悪な衛生状態の改善、感染症の予防の取り組みが、先進国を筆頭に急速に整備されたのは一九五〇年代である。その結果、現在では、世界人口七十億人、日本人口一億二千万人、日本人の平均寿命は八十歳を超えている。**この百年で、人口はおよそ三倍、平均寿命は二倍**になった。

百年前の人間のなかで、科学技術とＩＴ化が進んだ現代の私たちの生活を予測できたものはいたのだろうか。たった百年とはいうが、歴史はほとんど予測がつかないほどに展開してしまう。だとすれば、百年後の身体を考えるには、どの程度の可能性を見積もっておけばよいのか。

平均寿命が二倍になったこの過去百年の歴史が、例外的な異常事態であったと考えられるのか、あるいはこの先百年においても予測できないほどの何かが起きてしまう好例と考えられるのかは、思考の大きな分岐点となる。

2　主題としての身体

人間の身体という問題が、哲学上のテーマとして明確に取り上げられ始めたのも百年ほど前からである。それ以前にも身体は論じられる対象として存在してはいた。

しかしそこで扱われた「身体」とは、主に魂や精神という存在から切り離された「物体としての存在」であり、そうした存在領域に一緒くたに区分されてしまうような身体であった。

それに対して、たとえばフーコーは、18世紀末に現れた兵士の訓育における身体の管理技術について記述することで、社会によって監視され、規律化される人間の身体経験を取り上げている。その著書『監獄の誕生』が出版されたのは一九七五年であり、こうした人間の身体を主題にする研究が可能になるには、相応の時間と手順とが必要だったと考えられる。

現在、哲学の世界で身体論といえば、ひとつの固有テーマとして広く認知されている。とはいえ、この「身体論」という、いわゆる「○○論」がそれとして成立したのはいつなのか、またその原語が、英語やドイツ語で何になるのかは、正確に確定され、定義づけられているわけではない。

訳語としてSomatologyやbody theoryといった語が複数考えられるが、そうした語がどのように人口に膾炙したのかも謎である。この方向の研究を言説レヴェルで分析をかけていくと、フーコー的、ハッキング的な問題設定となる。

本論ではその詳細を詰めることはできないが、一九〇〇年以前には、いわゆる「哲学的身体論」は存在していなかったのだろう。それ以前の身体の学問といえば、解剖学や生理学といった生物学的、生化学的な身体研究であり、ことさらそれらを身体論とくくる必要もなかった。

身体論という「論」が成立するには、身体がひとつの固有テーマとして新たに発見され、それを中心に派生する問題を振り分け、組織しながら、体系的に論述することが必要になる。おそらく**20世紀以前には、そうした試みがどういうことなのかの共通了解さえ確立されていなかった**。

したがって、延長存在としての身体を扱うデカルトの『省察』も、カントの身体を通じた空間構成の論述も、それじたいは身体論ではない。むしろデカルトの身体記述や、カントの身体記述というように、それぞれの哲学者の思索を「身体」を中心テーマにして解読するという発想と試み（身体論）が現れたのが、ここ百年の出来事なのである。

身体論と聞いて、まず思い浮かべられるのがフランス現象学者のメルロ＝ポンティである。彼が生まれたのは今から一世紀前の一九〇八年であり、彼の身体論に強い影響を与えたのが、ドイツ現象学の創始者フッサール（一八五九〜一九三八）である。

メルロ＝ポンティはフッサールの主要著作である『イデーン』第一巻につづく『イデーン』第二巻に精通しており、そのなかで正面を切って論じられたのが、純粋な精神とも死せる物体とも異なる「身体」である。

この『イデーン』第二巻の下書きがフッサールによって書かれたのは一九一二年以前と推定されている。さらに同じく一九一二年までに書かれていた『イデーン』第三巻の学問論的な考察において、フッサールは「身体論」という語を積極的に採用しようとしている。

彼はまず、第三巻一章において世界の実在の領域を「物質的事物（materielles Ding）、身体（Leib）、心（Seele）」の三つに区分し、この基礎区別に応じた学問の理論化が必要であると主張する。それにつづく一章二節b項は「身体に関する学問：身体論」という表題からなり、フッサールはこう宣言する。

「今や理論探究は、次の存在領域へと向けられる。それは身体の知覚と身体の経験として存在する領域であり、私たちはそれを身体論（Somatologie）と呼びたいと思う…。［…］私たちが身体性（Leiblichkeit）についての学問を身体論と名づけるとすれば、それは、身体の物質的特性を追究するかぎりで、物質的な自然科学である。**しかしそれが特別な身体論であるかぎり、この身体論は新しいものとなり、経験の新たな根本形式によって際立たされる**ものとなる」（強調引用者）

この文章から、フッサールには自分の身体論がこれまでの学問では扱われなかった領域へと経験を拡張するものだという自負があったことが分かる。Somatologie以外にも彼は「身体科学（Wissenschaft vom Leibe）」という語も用いている。

美学研究者のビアブロットによれば、フッサールも使用している「身体論（Somatologie）」という語は、ギリシア語由来のものであり、自然学の一部として、すでに一七六二年にドイツ人医師のエルンスト・G・バルディンガーによって用いられている。「それが問題にするのは、物質の構造、その分割可能性、分配、恒常性、テクスチャ、力等々」であったという。

そのおよそ百年後に医師で化学者でもあったJ. M. マクレーンによって著された『身体論（somatology）の諸要素』（一八五九）は、その副題が「物質の一般特性に関する論」となっているように、現在の身体論的な文脈ではなく、物質としての身体特性について論じられている。マクレーンはその中で「14の身体の一般特性」を列挙しているが、その中身は、

1. 延長　2. 不可侵性　3. 形態　4. 分割可能性　5. 頑健性　6. 多孔性　7. 圧縮性　8. 膨張性　9. 移動性　10. 慣性　11. 引力　12. 斥力　13. 極性　14. 可塑性

となっている。

これらは、身体に当てはまるというより物体一般の特性である。ビアブロットも述べているが、この時代はいまだ「身体」を、物理学と化学どちらの対象として扱うのが良いのかが見極められておらず、医学と化学が、物理学とは異なる対象領域をどうにか発見しようとする途上にあった。

さらにここには、19世紀になって、カントやヘーゲルの有機体論の展開とともに「生命」のカテゴリーが刷新され、生物学が勃興したという事情も絡んでいる。「生命」が、物質でも精神でもない、ひとつの固有カテゴリーとして認識され、そのカテゴリーに統制されて自然科学の探究が進み始めたのだ。

フーコーが見出したように、そこでの生命とは「知覚されない純粋に機能的なものとしての生命」であり、機能集合体として個々それぞれに不連続な生を生きるものの総称である。この生命というカテゴリーとともに、環境の中を**身体として生きる生命**の経験が主題になり始める。『言葉と物』（一九六六）におけるフーコーを引こう。

「キュヴィエ（一七六九〜一八三二）以後、生物は、…新しいひとつの空間を成立させる。その空間は正確に

いえば、二重の空間である。つまりそれは、内部的空間として、解剖学的整合性と生理学的両立性の空間であると同時に、外部的空間として、**生物が自身の身体を創る**ためそこに宿っている、諸要素の空間に他ならない」（強調引用者）

人間の「身体」がそれとして論じられるためには、「物体」から「生命」というカテゴリーを経由する必要があった。つまり、**身体とその空間／環境という相互に働きかけあう力場こそが、生命の固有性のひとつとして浮上してくる**のだ。

さらに補足すれば、先に引用したフーコーの『言葉と物』は、18世紀末から19世紀にかけて「労働」、「生命」、「言語」という言説的な指標が複雑に組織されることで「人間」という新しいカテゴリーが出現したさまを浮き彫りにしたものである。だとすれば、「身体」という経験は、「物体」から「生命」、そして「人間」というカテゴリーを迂回して遅れてやってこざるをえなかったともいえる。

フッサールがなぜ20世紀初頭に強い思い入れをもって身体論について語ったのかが、思想的な背景を迂回することで鮮明になってくる。**「身体」は、この百年において発見された**のである。それはまた、なぜ現象学における身体論が、単なる物体としての「身体（Körper）」ではなく、ことさら別の概念である「生ける身体（Leib）」という語を彫琢《ちょうたく》する必要があったのかの理由にもなっている。

3　体験する身体では足りない

フッサールが哲学の課題として身体に注目するにいたったきっかけは、『イデーン』第一巻出版（一九一三）に先立つ一九〇七年、ゲッティンゲン大学で行われた講義『物と空間』においてである。そこでは、対象の認知が成立するさいに働いている運動感覚（キネステーゼ）をともなった身体が主題となっている。それは「おのずから動く身体」である。

さまざまな対象の認知は、身体の潜在的作動に支えられて成立している。もっといえば対象の存在する空間とその知覚でさえ、運動する身体とともに発達的に形成される。それは、**科学的知であれ、哲学的な知であれ、一切の人間の認識を貫いて支えてしまっている身体の経験**である。

主体と客体という認識区分が生じる手前で、世界の素地となり、主体の体験の基礎となる場所で働く身体がある。メルロ＝ポンティはそうした身体を「世界の肉」と呼んだ。

たとえば利き手や利き目という普段から優位に用いられる身体器官がある。それらに応じて左右の身体の筋量や視力に差が出てくる。身の回りの物や家具その他も、利き手や利き目が用いやすいように配置される。利き歯のようによく使う歯もあり、それが噛みあわせの不具合にとどまらず、姿勢の不均衡さや、情動バランスにまで影響を与えてしまうことがある。

こうしたことは、**主体が物事を意識し、認識する手前で、身体が勝手に事物と応答し、主体と世界の関係性を決定づけている**ともいえる。ここには身体とその習慣という問題が潜んでおり、意識ではうまく制御できない身体の歴史が隠されている。フッサールが20世紀初めに見出した身体の記述は、こうした現実を捉えることに成功した。人類学においてモースやブルデューが身体を発見し直すのも、これ以降のことである。

その後、21世紀をまたぎながら、認知科学、認知心理学、社会心理学といった新しい科学分野が、非言語的、非意識的レヴェルでの身体活動の定量評価を行い始める。哲学的身体論の経験領域に、図らずも自然科学的手

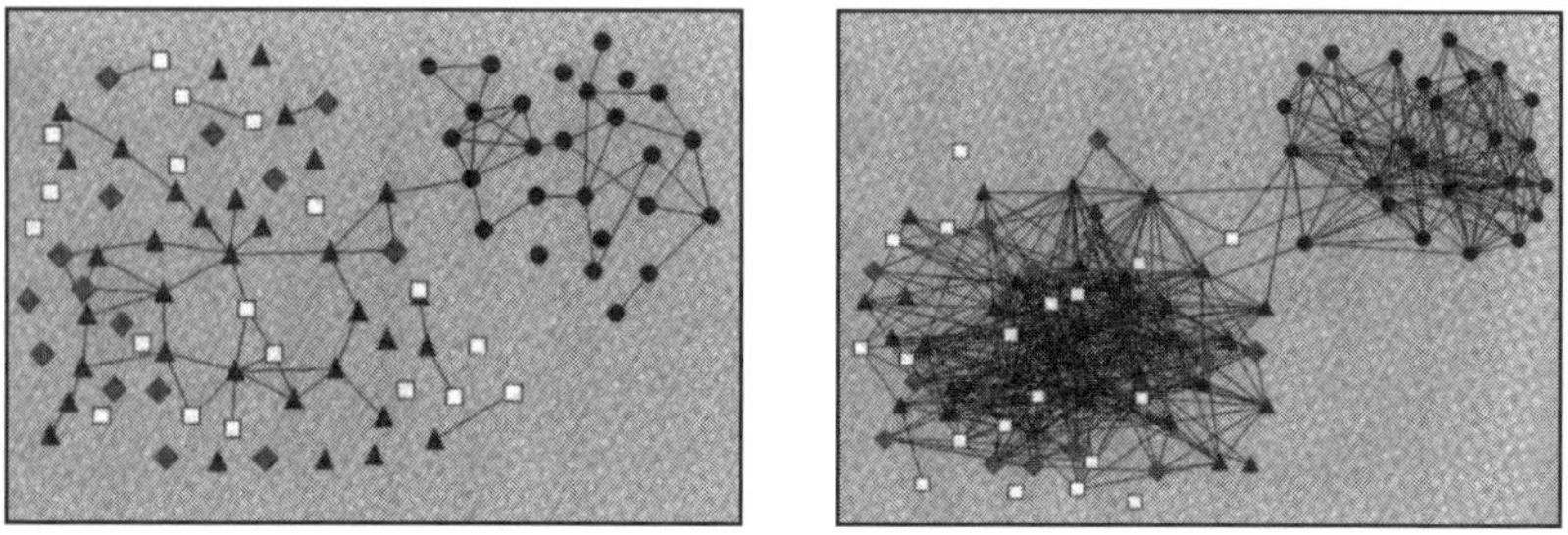

図１　ソシオメーターによる身体相互のネットワーク（N.Eagle, A.S. Pentland, 2006より引用）

法が持ち込まれ始めたのである。

最近では計算社会科学によって、身体が主体の意識とは独立に他者の身体と相互作用し、運動する様子が次々と明るみに出されている。それは、主体を通した報告データを収集することなく、人々が交流するさいの非意識的な身体反応をデータ化し、プロットするアプローチである。

たとえば、被験者にソシオメーターという計測器を身につけさせる。それによってある人が職場内でどのような移動を行い、誰と対面で会話をし、そのさいに発話の頻度や速度、トーンがどう変化し、どのような身振りを用いているのかを計測することができる。

移動は加速度計、発話はマイクロフォン、対面状況は赤外線トランシーバ、接触や近接性の感知はラジオ周波数トランシーバというように計測器を掛け合わせて用いれば技術的にはそれほど難しくないという。

行動の外的な指標をマルチに収集することで、その人の身体がどのような行動パターンをもっているのか、さらには集団の傾向やパターンさえもプロットできる。

たとえば図1の左図は、友人関係ネットワークを、右図がそれぞれの人が近づいてコミュニケートする度合いを重ねて描いている。知人関係の信頼の強さと身体距離には相関がある。

ここには、人々がどのような会話を行っているのか、実際に彼らがなにを考えているのかといった定性的な意味は存在しない。にもかかわらず、発話のタイミング、リズム、声量、身振りの大きさ、接近の度合いといった定量的指標だけから、相互の身体が社会内でどのような役割をもって活動しているのか、誰がリーダー的で、誰がハブ的な役割をもっており、誰が孤立しているのかといった予測が高い精度で可能になる。

こうしたデータは、本人からの聞き込みとは異なる、無意識の身体的な交流ネットワークを暴き出すことができる。

私たちが身体存在であるという事実は、意識を通じて思考し、その後、身体を調整しながら行為を実現するという古典的な「行為の合理性モデル」が眉唾物であることを告発する。むしろ相手の話を聞くさいに、首を縦に振っていると、その話に賛意を示したくなり、その逆に首を左右に振りながらだと反意を抱くように、身体とその動作こそが思考を練り上げ、感情の動きを方向づけてしまうのだ。

こうした研究の成果は、フッサールの理論の想定範囲内にあったことである。山口一郎が執拗に追い続けたフッサールの「受動的総合」の探究がそれを証している。とはいえ、そのアプローチは彼が意図していた方向性とは異なる。フッサールはどこまでも意識を用いた反省的、記述的アプローチを推奨していたからだ。

そうはいっても、主体の意識を介して身体を発掘する現象学のアプローチだけでは、身体経験を網羅するにはとても足りないというのが実情である。たとえば生態心理学における動作のマイクロスリップ現象も意識経験からは届かない振動する身体であり、こうした体験特性が身体には夥しくあるからだ。

まとめておこう。身体の背景的作動が、人間の思考や認識、行為に決定的な影響を与えていることの指摘を行ったのが20世紀の哲学的身体論であり、現象学であった。それが21世紀には定量的手法を介して自然科学化され、共有されようとしている。では続く百年の身体論はどこに向かおうとしているのか。

4　ラディカル環境デザイン

身体活動が定量的手法とともに可視化され、データ化される。そしてビッグデータの解析とともに、それらデータを用いて、身体の行為パターンや、社会における人間関係のネットワークを、各種目的に応じて調整する実学的方向性が強められはずだ。とはいえ、この調整はどのように行われるのだろうか。

ここで、「環境デザイン」という発想の必要性が浮上する。つまり、こういうことだ。身体はその環境と習性に応じて固有の運動、動作、行為のパターンを形成している。たとえば、衣服には種類に応じた動きの速度、対応可能な動作、社会行為がある。スーツでスポーツは難しいし、ラフな部屋着で葬儀に出ることもできない。衣服は身体を取り囲む環境となり、そのつどの身体の行為を誘導し、制約し、拡張する。アスリート仕様のユニフォームは、ミリ秒単位の運動可能性の隙間を開く。

なぜ人間に体毛がないのかという進化上の問いに対して、細菌や寄生虫の感染頻度を下げるために人類は体毛を捨て、脱着できる他の動物の毛皮に切り替えたからだという仮説が出ている。なぜ頭髪が残っているのかという別の問いは残るが、体毛という取り外しできない身体を変化させることが同時に、衣服という身体の新しい環境を形成することになったということだ。

この仮説が正しいかどうかは不問にするにしても、人類はこれまでも「衣服」や「家屋」、「都市」、「国家」というように身体を守り、経験を拡張するための環境を築き上げてきた。人間はみずからの自由度を高めるために環境を変化させるにとどまらず、新たな環境さえも創造する。他方で、みずからが作り上げた環境からさまざまな制約を身体レヴェルで持続的に受けながら、その制約じたいが意識レヴェルから消去されてしまう。**そうだとすれば、この通底している身体と環境の密約でもある「つながり」を解除したり、変更することが、新しい身体の可能性を拓く**と考えることができる。環境の設定が根本から変わってしまえば、人間の行為は身体レヴェルから変化してしまうということだ。

先ほどのソシオメーターを用いた職場内における身体相互の交流は、職場の環境デザインを工夫することで、変化させることが期待できる。言語による指令的な働きかけではなく、直に身体に訴えかけるよう環境を変化させてしまうのである。

たとえば某企業では、固定した席を決めず、一日二回くじ引きでランダムに席が決まる取り組みを入れたりしている。座る椅子から見える風景が変わり、立ち寄る場所や会話する相手が定期的に変わるような環境にすることで、身体行為のパターン化や人間関係のネットワークの固着化を防ぐことができる。この延長上からは、アイデアの創出、形骸化した会議の活性化、プランの売り込みの成否といった社会スキル向上を意図した研究が期待されるはずだ。

とはいえこうした研究は、おそらく十年から二十年スパンの研究プロジェクトである。その意味では22世紀を見越すにはどこか足りない印象を受ける。ラディカルさがない。というのも、既存の人間と身体、社会の在り方を前提としながら、その効率性や功利性を追求しているにすぎないからだ。

見慣れた社会や環境に工夫を入れるのではなく、もっと圧倒的に環境が変わってしまう場合、人間と身体はどうなってしまうのかまで考察を拡張しなければならない。こうした問いを、死ぬほど真面目に引き受けたのが芸術家であり、建築家でもあった荒川修作(一九三六〜二〇一〇)である。

5 「建築する身体」という賭け金

荒川が21世紀をまたいで発見した身体がある。それが「建築する身体 (architectural body)」と呼ばれる。それをタイトルに冠したマドリン・ギンズとの共著が英語で出版されたのが21世紀初頭、二〇〇二年である。

一九九五年には岐阜に養老天命反転地というテーマパークが完成し、二〇〇五年には三鷹に天命反転住宅が建造された。その間に現れた著書である。この荒川の身体こそが22世紀の夢を見る身体であると本稿は考える。どういうことか。

荒川は一九七〇年代の『意味のメカニズム』に代表される幾何学や記号を多用した作品群を発表した後、八十年代からは、作品を観賞するものの身体に訴えかけるインスタレーションを取り入れるようになる。その代表が一九九一年に東京国立近代美術館で開催された「見るものがつくられる場」における作品群である。私たちは、数学や幾何学についての思考をめぐらすさいには、いつもどこかに座り、安定できる環境を確保しておく必要がある。

では、かりに私たちがいつでも歩いたり、小走りをしたり、坂を上り下りしながらでしか生活できない環境にいた場合、数学や幾何学の経験はどうなるのだろうか。歩きながら会議をしたり、壁によじ登りながら食事をすることを考えてみる。身体がどのような環境で行為しているのかに応じて、数学や幾何学の経験でさえ変わってしまう。そうした確信が荒川にはあった。

「建築する身体」は、この確信の延長上から現れてくる。建築を含む環境と、身体の接合部において、生身の

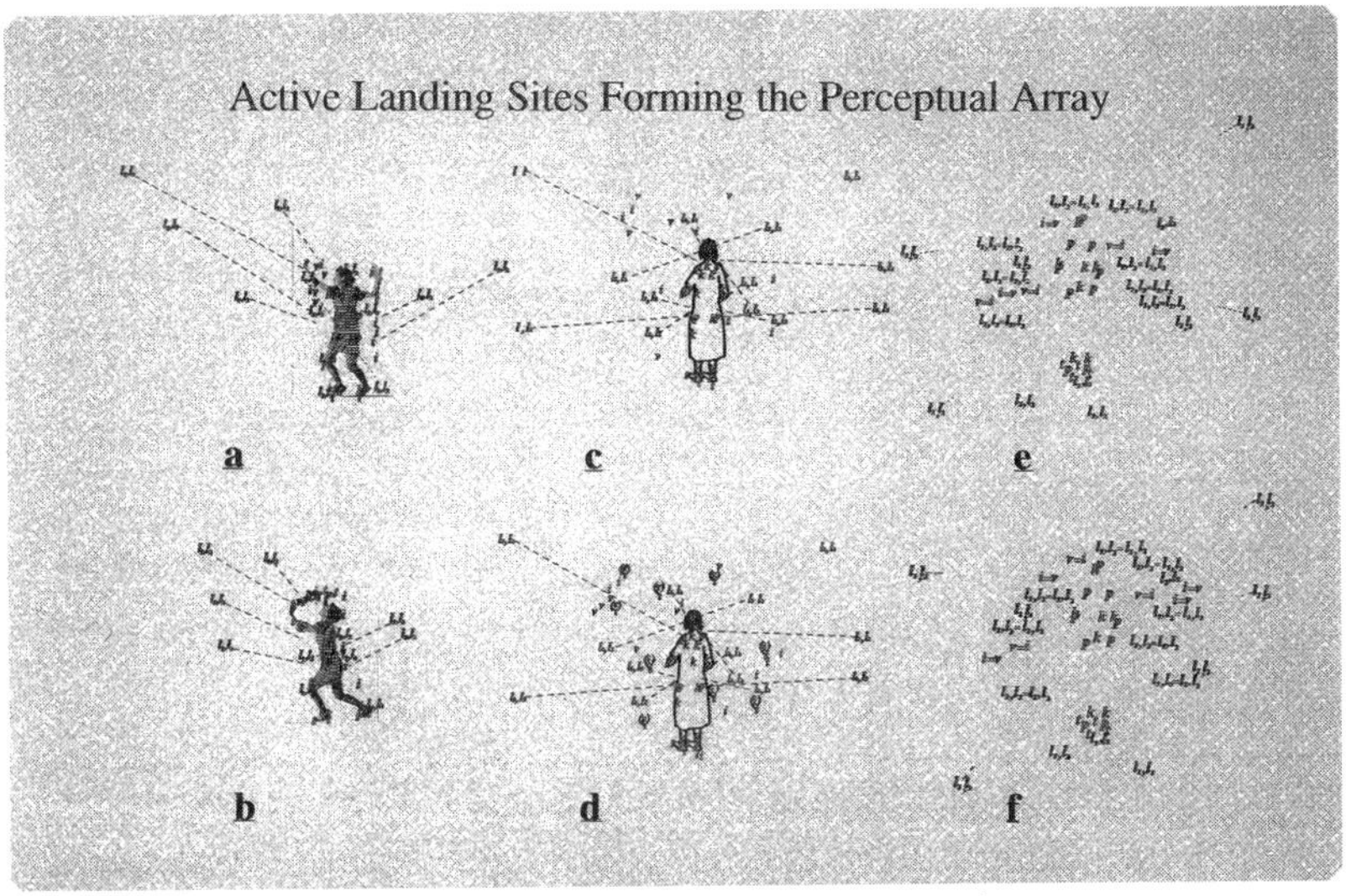

図2　知覚の配列（Perceptual Array）（荒川修作、1991、259頁より）

身体でも、環境でもない境界線上における身体は、みずから建築となる。荒川はいう。

「建築する身体は、二つの、場所を占めつつ向かう不確かな構成からなっている。つまり、固有の身体と建築的環境からなっている」と。

「見るものがつくられる場」の作品群に図2がある。この作品は一九八〇年代に制作されたものだが、これを理解するには、彼のとっておきの身体行為のコンセプトである「ランディング・サイト」という経験を共有する必要がある。降り立つ場と訳されるこのランディング・サイトには知覚のランディング、イメージのランディングがあり、それらの次元化と集合体がある。

物が見え始める、さわり心地の良さに気づく、気配を感じる、怒りを感じる、空腹を感じる、思考が浮かぶ。こうした経験は誰にでも起こることだ。そしてこれらが「起こる」ときにはすでに何らかの「場所」とともに生じている。知覚物と感触にはその「位置」が、気配には

Ubiquitous Site X

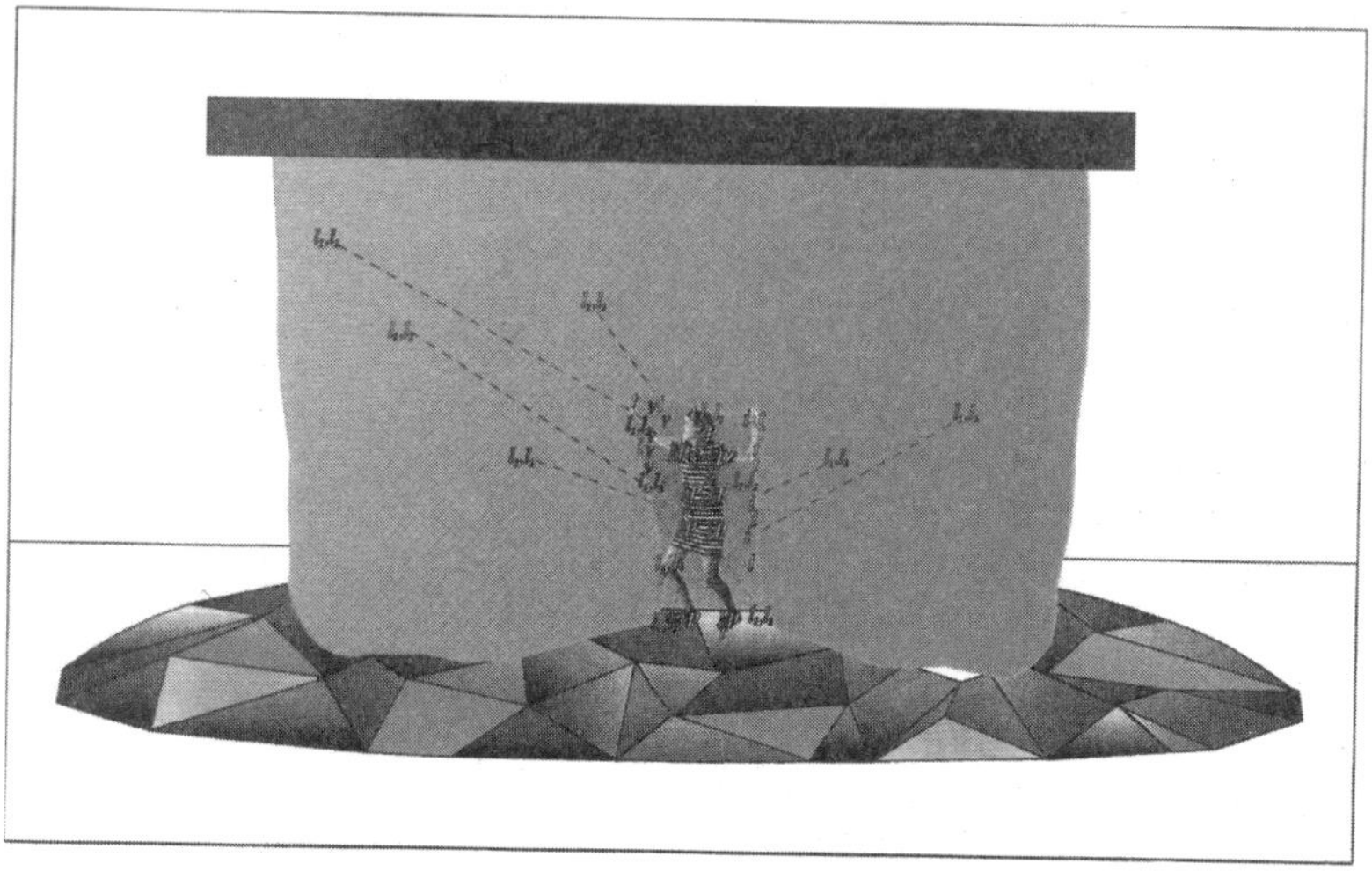

The ubiquitous site: wherever sets of perceptual landing sites (i.e. any discerning that appears to be somehow locatable) may range.

With the greater part of ubiquitous site blocked off, perceptual landing sites range in. The forming of spacetime is so close you can almost smell it.

v	visual landing site	*t*	tactile landing site
i, *i*	imaging landing site (visual, tactile respectively)	l_1, l_1, l_1, l_1, l_1	locator-perceptual landing site for the establishing and maintaining of distance (visual, kinaesthetic, aural, tactile, olfactory respectively)
p	proprioceptive landing site	l_2, l_2, l_2, l_2, l_2	locator-perceptual landing site for assessing of volume or distance (visual, kinaesthetic, aural, tactile, olfactory respectively)
k	kinaesthetic landing site		

図 3　どこにでもある場 X（Ubiquious Site X）（荒川修作、1991、214 頁より）

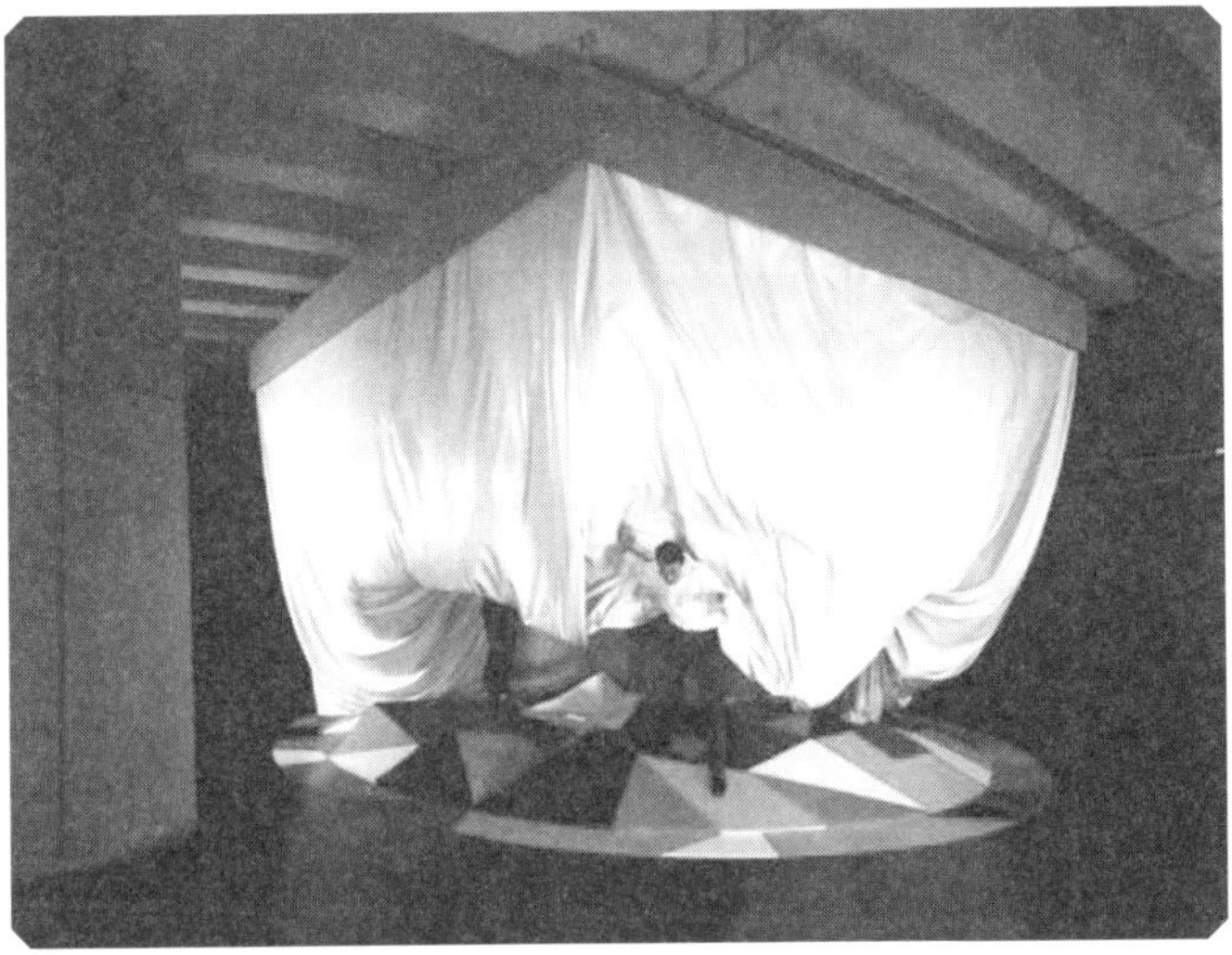

図３の実際の作品

「広がり」が、怒りや空腹には「内感」が、思考には「場所なき場所」が対応しており、これらの出現が、ランディング・サイトといわれる。

荒川にいわせれば、私たちの日常は、膨大なランディングによって起こる場所（サイト）の継起と分散のネットワークの力動である。そのようにして図２を見てみる。

ａを見てほしい。ある人物の周囲を細かな記号が覆っている。ｂは、その人物が姿勢を変えたときのもので、人物を取り囲む記号のパターンと破線の距離が変化している。荒川はこの図が実現される場所を、実際の作品として作り出す。それが「どこにでもある場Ｘ」（図３）である。

この作品では、凹凸のある床面の頭上から厚めのゴム状の幕が垂れ下がっており、体験者は実際にこの幕を手で押し上げながら作品へと入っていく。作品は体感されねばならない。そのようにして図２のａを改めて見てみよう。

体験者は、ゴム幕を一方の手で押している。膝を曲げ、重心を保ちながらである。その手の周囲にある記号が、視覚的ランディング・サイト（v : visual landing site）と、触覚的ランディング・サイト（t : tactile landing site）の集合体であり、体験

図2のa拡大図

者が現に知覚し、感じている場所である。

それと同時に、手でゴム幕を前方に押し出すことで、その先の空間の広がりが予期される。破線で示されているのが、行為者の予期の範囲を示すイメージのランディング・サイト（i : imaging landing site）の集合である。背後にもイメージのランディングは広がっている。

aとbの図の違いは、身体動作と体勢の違いである。それぞれのランディング・サイトの分散や凝集は、前方に手を押し出すといった身体部位と体勢の変化とともに起きている。また体験者の身体には、図では見えづらいが、身体部位や関節、筋、内臓の位置を伴った自己固有覚的ランディング・サイト（p : proprioceptive landing site）と、運動への気づきである運動感覚的ランディング・サイト（k : kinaesthetic landing site）も群がっている。

こうして荒川の発想が浮かび上がってくる。人間には人間のランディングの膨大なネットワークがあり、動物には動物のネットワークがある。図2のeとfが示すように、**生物種や個体の認定は、その器官やDNAといった物性に応じたものではなく、ランディングのネットワークから判定できる**と荒川は考えている。

かりにある人間が、ネコのランディングのネットワークに包まれた経験をしてしまえば、その人間は人間であり続けられない。その意味でもランディングのネットワークこそが、生命の特殊な種を決定し、ランディングパターンが、現在の生物種の制約であると同時に、可能性となるのだ。

震災後の計画停電でロウソク一本の灯りで生活したように、今後百年でこれまでのランディングのネットワークを維持できないような環境に変化してしまうことは、いつでも起こりうることである。あるいは、ランディングの多重ネットワークが更新されるような環境を設定することも当然可能なのである。「建築する身体」とは、生身の身体と、設定される環境の間で、ランディングのネットワークを自在に組み替えていけるものの総称である。

誰にも聞こえない物音が聞こえてきたり、それまでは感じ取れなかった触覚的な凹凸が感じ取られるようになるとき、また、情動の動き方が変わり、身体の重さの感じ取りが変わるとき、ランディングのネットワークが再編されていく。

現在の測定技術では、こうしたランディングの全貌を捉えることはできない。それは、大脳の神経系の活動

図4　膨大なランディングの集合が遷移する様子
――この生命は何か

のように、同じものの反復が二度とない微細で膨大な運動を永続しているだけだからである。ソシオメーターが定量化する指標は、こうした運動の影の一部にすぎない。

なぜ荒川が、最終的に建築デザインへと進まざるをえなかったのかの理由がここにある。データをどんなに収集しても、それによって身体が変わることはない。むしろ身体を、現状の身体にとどまっていられなくなる極限へと追い込むために、それによって人間の可能性が圧倒的に拡張された場面から問いを立てるために、荒川には壮大な建築的実験場が必要になったのである。しかもそれは、現在でもなお未決の身体の課題として残りつづけているのだ。

幻聴や幻覚を地で生きている統合失調者は、イメージのランディングと、知覚のランディングが重複し、その重複体に圧倒される。

本書所収の日野原の論考が示すように、彼らは彼らのランディングパターンを反復し、ズラし、ズレを修正することでしか、行為を作っていけない。

そんな彼らのランディングのネットワークを根こそぎ再編してしまうほどの環境デザインの構想と設定から前に進んでみること、現在の倫理や規範、常識をカッコに入れながら、前に進んでみること、そこにこそ22世紀の身体の在り処があるのではないか。

22世紀の身体は、今のままの人間ではみられない夢をみることに等しいはずなのだ。

参考文献

J. R. ウィルモス「人類の寿命伸長：過去・現在・未来」、人口問題研究六六-三、二〇一〇、三二～三九頁

I. ハッキング『知の歴史学』、出口康夫・大西琢朗・渡辺一弘訳、岩波書店、二〇一二

M. メルロ＝ポンティ『シーニュ』、竹内芳郎監訳、みすず書房、一九七〇

『見えるものと見えないもの』、滝浦静雄・木田元訳、みすず書房、一九八九

E. フッサール『イデーン　純粋現象学と現象学的哲学のための諸構想』、渡辺二郎・千田義光訳、みすず書房、二〇一〇

J. Bierbrodt *Naturwissenschaft und Ästhetik*, 1750-1810, Königshausen & Neumann, 2000

G. M. Maclean *Elements of Somatology: A Treatise on the General Properties of Matter*, New York, 1859

M. フーコー『言葉と物』、渡辺一民・佐々木明訳、新潮社、一九七四

P. ブルデュー『実践感覚 I』、今村仁司・港道隆訳、みすず書房、一九八八

A. ペントランド『正直シグナル』、安西祐一郎監訳、柴田裕之訳、みすず書房、二〇一三

N. Eagle, A. S. Pentland "Reality mining: sensing complex social systems", *Personal and Ubiquitous Computing* 10(4), 2006.

塚原史『荒川修作の軌跡と奇跡』、NTT出版、二〇〇九

荒川修作、マドリン・ギンズ『建築する身体』、河本英夫訳、春秋社、二〇〇八

『死ぬのは法律違反です』、河本英夫・稲垣諭訳、春秋社、二〇〇七

荒川修作『荒川修作の実験展——見る者がつくられる場』、カタログ、東京国立近代美術館発行、一九九一

17

移動・移用についての小論
——フレッシュな生命

日野原 圭

1　移用　Construction materials

イブン＝ハルドゥーンは十四世紀、移動・移用の主題を都市における建築資材の流れとして観察した。

「都市が建設された当初は、家屋数は少なく、石や石膏、あるいは壁の装飾に使うタイル、大理石、モザイク、黒玉、真珠母貝、ガラスといった建築材料もあまり用いられていない。そのため建築は質素で、材料も持ちが悪い。ついでその都市文明が栄え、人口が増加すると、仕事や職人が増えるとともに建築材料も増え、ついにその都市の発展は、すでに議論したような絶頂期を迎える。

やがて都市の文明が衰え、人口が減少すると、建設に要する技術の後退が起こる。その結果、立派な建築や建物のすばらしい装飾はもはや行われなくなる。ついで住む人もないために仕事は減り、石や大理石やその他の材料の輸入も少なくなり、石を建築材料として建物を建てることが行われなくなる。また人口が以前より減少したので、大部分の建造物や城、住宅は空家になっている。それで、これらに使われていた材料を他の建物を建てるために流用してしまう。こうして絶えず同じ材料が、ある城から他の城へ、ある邸宅から他の邸宅へと移用され、ついにはそのほとんどが使い物にならなくなって失われてしまう」（ハルドゥーン、二〇〇九）

本小論ではいくつかの移動・移用を探査してみたい。そこでは興味深いぶれが、現在を覆っている。

2　移動　Sphex

アンリ・ファーブルは一〇〇年前を生きていた。
彼が、キバネアナバチ(Sphex funerarius)に対して行った実験をみてみよう(ファーブル、二〇〇五)。アナバチは、捕獲した獲物を地中に掘った巣穴へと引き入れるまえに、獲物を巣穴の手前にいったん残し、巣穴の中に入り、奥まで調べ、何も異常がないことを確認したあと、獲物を巣穴に運び込むという習性を持っている。(図1)
ファーブルは、一見無駄にも思えるその行動を不思議がり、「アナバチの知恵も理解することのできない哀れな人間の理性よ」と嘆いた。彼は思考しつづける。「コオロギを巣穴に引き入れるとき、なぜこんなに手数をかけるのか、私は充分納得のいく答えが見つけられないまま、今でもその理由を考えているのだ」。いま目の前に展開する事象を観察しながら、しかしなにが起きているのか理解できないことはある。やがて彼は行動に出る。ある実験について報告する。

Jean-Henri Fabre (1823-1915)

触角をくわえてコオロギを巣穴に引きずり込む キバネアナバチ（左）（ファーブル、2008）

「キバネアナバチが住居に入ってきたときに、私は入口に置きざりにされていたコオロギをとりあげ、何インチか離れたところに置いてやった。アナバチは地下から上ってきて、いつもの羽音をたて、驚いてあちこち見まわす。それから獲物の場所が遠すぎると見てとると、穴から出てきてそれを捕らえ、気に入った位置に戻すのである。そうやってハチは地下に降りていく。しかし獲物を持たずに単身降りていくのである」

「私は同じことをまたやってやる。アナバチは地下から上ってきて同じようにショックを受ける。獲物はまた穴の縁に戻されるけれど、ハチは常に手ぶらで地下室に降りていく。以下同じように、私は自分の忍耐力の続くかぎりやってみた。続けさまに四十回も同じハチに同じ実験を繰り返してみたが、ハチの強情さには強情な私も根負けがした。ハチのやり方はけっして変化しなかったのである」

実験はごく単純なものであり、巣穴(nest)の前に置きざりにされていたコオロギを、ファーブルは数インチ離れたところに置き、それを見つけたアナバチは巣穴の縁の気に入った位置に捕獲物(prey)を戻す。そしてその繰り返し(iteration)である。これをアナバチのループ(Sphexish-loop)と呼ぶことにしよう。(図2)

数インチの移動をめぐり、変化を加えようとするファーブルと、変化

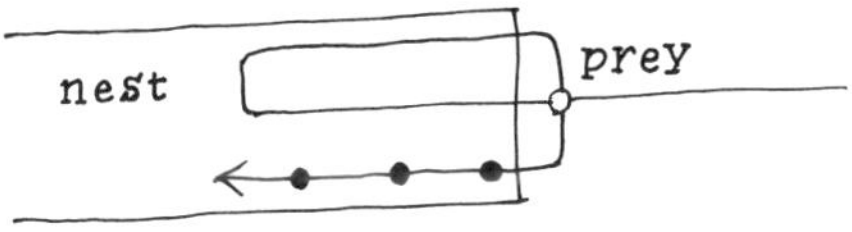

図1

図2

しないアナバチの習性は対話する。ファーブルにとっての移動は恣意的な実験のそれであるが、アナバチにとってのそれは看過できない逸脱性をもつようにみえる。風に吹かれ獲物の位置が移動することもあるだろうことを考えると、多少ずれていてもよさそうであるが、巣穴に獲物を運び入れるという行動は、巣穴を探査し終わり、かつ、穴の縁に従前あったように獲物がそこにある、ということの関接(reference)なしには進展しない。アナバチのショックは減衰しない。

　アナバチはプロセスを進む。獲物の移動は定型的なプロセス進行を頓挫させ、その地点にループを析出する。ファーブルとの関係性のなかでループは、ファーブルによって「変化しない」「同じこと」として把捉され、ファーブルは実験の繰り返しから立ち去る。繰り返しはby-productなのであり、移動の意味は反覆と同じ階層には存在していないだろう。ループはファーブルの強情な好奇心を遠ざける。

3　移用　Catatonia

二〇一三年、米国精神医学会が刊行したDSM-V（APA、二〇一四）では、それまで病型分類のひとつとされた緊張型は「他の精神障害に関連するカタトニア」という特定用語へ移動した。*1

あるカタトニアの事例についてみてみよう。

そこでは意志の発動性をめぐるループ徴候がみられる。（プライバシー保護の観点から患者が特定されないよう、趣旨を損なわない範囲で情報を改変してある）

若いころ精神運動興奮を呈することもあった彼女は、中年になり徐々に日常生活動作が緩慢になり、拒食がつづくため入退院を繰り返すことがつづいている。意識は清明であるが意志発動性の障碍が顕著であり、日常生活動作のひとつひとつに声かけが必要である。彼女は病室で病棟に流れる放送を待っている。

「お薬の時間です。コップを持ってディ・ルームにお集まりください」

看護師の放送の声を聞き終わると、彼女はコップを持って歩きはじめる。日中は自室のベッドの端に座り、間遠に一点を凝視している姿を見かけることも多い。ディ・ルームにいてもテレビを視聴していることはない。症状は、食事をとれないこと、服を着ることができないこと、ドア・ノブを触ることができないことなど、日により変化した。

＊

「面接をしましょう」と声をかける。診察室に入り、彼女は椅子に座ろうとするが、一度立ち上がり、「座ってもいいですか?」と尋ねてから座る。

「前回と違って、今回は素直に座れました」

(調子は?)

「悪いですね」

(どういったことでわかりますか?)

「まわりですね。…人」

(自分以外の?)

「はい。ただ見ただけで決めちゃうけど、心のほうも大事だと思うんですけど。まわりの人が中心であった。私はできないほうの中心」

(中心…そこはどのようなところ?)

「精神的な苦痛。肉体に現れる精神的な苦痛です。まわりの人はそういうことはない。見えるものじゃないです」

(具体的に?)

「言えないです」

(病気の方が強い?)

「はい。うちに帰れば治ります」

(…骨折の人がギプスをしてじっと寝て、戦う…)

「そうそう、似てます。逃れようとする心はあるけど、逃れられないんです。精神的なところでは余計なものがあるが、足りないんだ、と思います。つねに負けているけど、勝ちこすこともあります。苦しんだぶんだけ勝ちました。病気は難しい。二十五以来戦ってきた。自分としてはしたくはないが、しなくちゃならない」

(テレビは見ますか?)

「テレビ見るのは嫌いですけど、聞くほうはいいです。内容が耳に入るんじゃなくて、声が耳に入る。それがいいんです。笑ったりするのがいい」

(服を着ることはどうですか?)

「ここのとこ急にそうなんです。着てみて、着らんない。全部着てみて、一日ぐらい着ていて、途中で着がえる。全部いわれないとできない。いわれるとパッとできる」

(不思議)

「…着らんなくなっちゃう。精神的な着られなさ。あのー、着ても、いちど着ても、…私にもちょっと説明できないんですね。ある程度悪くならないと、よくならない」

＊

面接を拒むことはなく、治療関係はよいといえる。軽い冗談に笑う日もある。彼女が自分から面接を希望することもあり、たいていなにか性急な、衝迫に突き動かされてのことが多い。そうした際のやりとりはつぎのようである。

(なにかありましたか?)

「箸…『水を汲んできなさい』と言われたのに勝手に自分でお箸洗ってて気づいたのかな…? それが重大なんです。間違っちゃった。薬の水…いわれたのは、薬のほうの水で、箸は何ともなかったんです。途中で気づいて止めたんです。自分でもわかんないです」

（怖い感じがする?）

「怖い感じがして、それがすまないと怖い感じがする。怖い思いするから重大なんです。怖いことが起こるような気がした」

（自分を滅ぼすような怖さ?）

「一回です。…ここ触るの嫌なんです」とドア・ノブを触りたがらない。

上肢を屈曲させ、不自然な姿勢を保ちつづけ、カタレプシーの萌芽的状態が観察される。

「不自然に見えるかもしれないけど、自然なんです」

別の日には、やり直しの身振りが観察される。

「あっ！　ダメなんです！」

Noonan,D / Scenes 2010

（ヌーナン、2010）

いったんコップを自分で持ったあとすぐ、彼女はコップをテーブルの上に戻す。

「わたしがAさんにいって、AさんがBさんにいって汲んだ水なので飲めません。頼んだので飲めません」

「カーテン見てたら、見らんなくなっちゃったんです。床だけ見るようになっちゃって。自分の意志でカーテン見てたんですけど…。わかんないんですけど…。みられない」

「昨日は暑くてひどい目にあいました。看護師さんが脱ごうといわないと脱げません。ドアの開け閉めとドライヤーのスイッチ以外は自分でできます」

＊

やがて言動は不思議なループに入っていく。彼女は入院病棟の自分の部屋から廊下を歩き、途中にあるトイレをいったん素通りし、看護詰所《ナース・ステーション》まで赴いて、「『トイレにいってください』といってください」という。看護師から「トイレにいってください」といわれると踵《きびす》を返し、トイレへいく。

4　事例証拠　Anecdotal evidence

なぜ症例は、わざわざトイレの場所をいったん通り過ぎて看護詰所に来るのだろうか?
ここには他者の声を通してこれからするであろう行動について、上書きのように他者に聞かせてもらおうとする特異な能動がある。これを緊張病のループ(Catatonic-loop)と呼ぶことにしよう。(図3)
症例の言説を文法的に整理するならば、「〜じゃないと〜できません」という行為以前の未完了事象と、「〜なのに〜しちゃいました」という行為以降の完了事象が混在する。(表1)
①「〜aじゃないと〜bできません」の前件aは「他者への要請」であり、接続助詞「と」が順接の仮定条件を示す。後件bは「禁止ないし不可能性」であり、行為にあたり他者からの声かけを必要としている。一方、②「〜cなのに〜dしちゃいました」の前件cは、右前件で要請したはずの仮定条件が踏み越えられ、逸脱してしまったことを内容とする(「『水を汲んできなさい』といわれたのに」、「声かけられないのに」、「言われなくて」)。接続

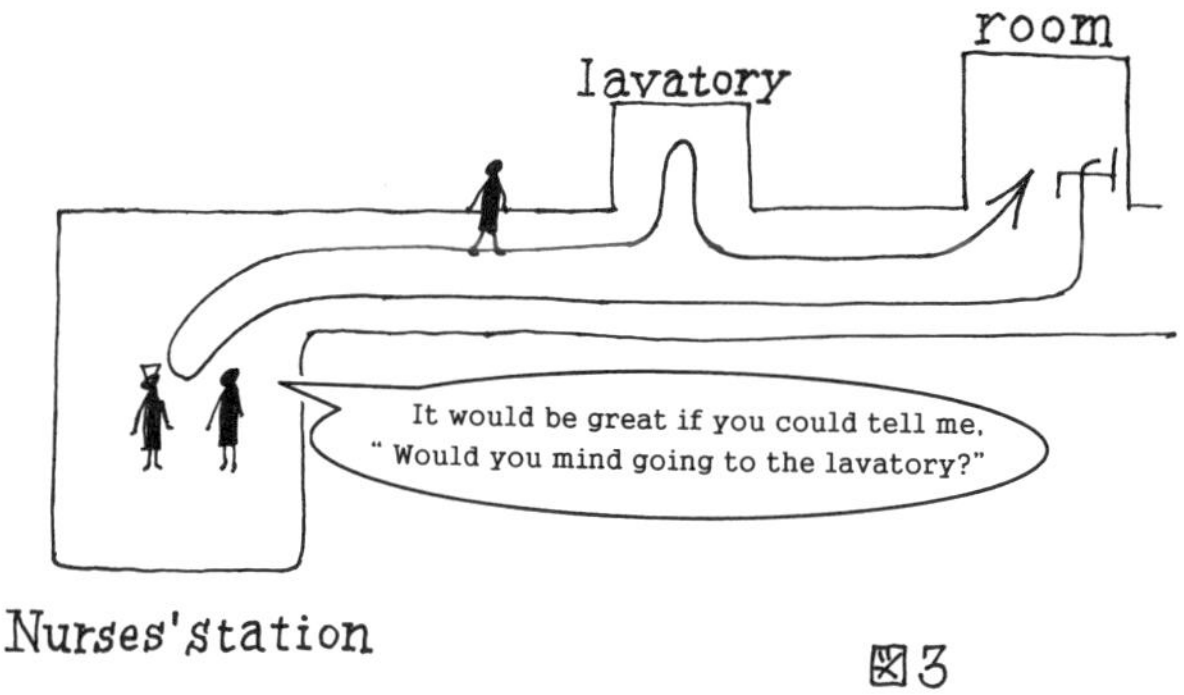

図3

助詞「のに」は逆説の確定条件を示し、後件dは「行為の不本意な完了」を内容とする。

情動面をみるならば後者の逸脱は破滅的な恐怖と関係しており、前者はその回避の側面をもち、ここに意志発動と行為の闇があり、症例と他者との関係性には中心と辺縁、命令と禁止をめぐる謎がある。

人は多くの場合、考えるとはなしに歯を磨き、着替え、出かけることができる。しかし症例においては「（あなたに）全部いわれないとできない。（あなたに）いわれるとパッとできる」という行為可能性のための条件が、言説の中に侵入してくる。

③「『トイレにいってください』といってください」は、補うならば「（あなたが、わたしに）『トイレにいってください』といってください」であり、行為のために他者を要請し、使役の迂回路を形成する。精神医学用語の「命令自動Automatic Obedience」が、「他者→言語的命令→症例→行為」であるとするとき、ここでは④「（症例→）他者→言語的命令→症例→行為」となっており、通常の「命令自動」に比べ過剰な開始項の能動を含み、いわば「他者要請型の命令自動」の形式をとりつつ、かろうじて症例の望む行為を伝動する。

この形式は、別様にみるならば⑤「症例→（他者→言語的命令→症例：e）

↓行為」のループバック（loops back to herself）であり、代入諸項として他者の現前を介し、症例の行為を発動させる。

「精神的なところでは余計なものがあるが、足りないんだ、と思います」という戦力報告、「まわりの人が中心であった。私はできないほうの中心」という地勢報告は、動作主の権能「わたしが~する」の退縮と、他者への関接事項の広汎化を反映していると目される。

冒頭の、「なぜ症例はトイレの場所をいったん通り過ぎて看護詰所に来るのだろうか?」という自然な問いは、「なぜ他者の声は、症例の行為を可能にするのだろうか?」という不可視の問いへ移動する。

5 ループバック、声 Loopback / Voices

図4（上段）は、キバネアナバチが獲物を巣穴に運び入れるプロセスを模式的に示したものである。獲物を巣穴の手前に置き（○）、巣穴を確認し、獲物を巣穴に運び入れるさま（○→●→）を示している。図5（中段）はファーブルの実験を示している。Aでアナバチが置いた獲物をBにおいて移動すると、アナバチは獲物を戻し（↑○1、2、3…）、巣穴には運び入れず、ふたたび巣穴の確認から始め、それを繰り返す。

〈打消しの身振り f〉

未完了 - - - -	- - - - -	- - → 完了
～aじゃないと～bできません	言辞	～cなのに～dしちゃいました
前件a：他者の要請	前件	前件c：前件aからの逸脱
「と」 順接・仮定条件	接続助詞	「のに」 逆説・確定条件
後件b：禁止ないし不可能性 ～できません	後件	後件d：行為の不本意な完了 ～しちゃいました
現前　　e	他者・声	不在

表1

図6（下段）は、症例が部屋を出てトイレを通り過ぎ、看護詰所で「他者要請型の命令自動」のやりとりののちにトイレにいくプロセスを示している。部屋から看護詰所まで動線から離れ四つ記された（○）は、意志発動性の障碍の状態を示している。

図5、6におけるBをみると、ある修復が行われている点で類似する。

図5－Bにおいてアナバチは、ファーブルにより然るべき場所から移動させられた獲物を自ら移動する。図6－Bにおいて症例は、他者の声を代入諸項としてループバックし、移用する。両者の対比をまとめる。（表2）

アナバチと症例にはともに観察可能な修復のための行為（表2 4.how）がみられる。その後の転帰（表2 5.outcome）には相違があり、アナバチでは獲物を持たず巣穴を目指すのに対し、症例は行為を可能とし最終地点へと向かう。この不可能と可能の分岐に合わせ、ふたつの問いが等しく浮かぶ。

・症例はなぜトイレに行くことができないのか
・症例はなぜトイレに行くことができるのか

「昆虫の心理についての短い覚え書き」においてファーブルは、「誤りなくハチに指示するためには、（中略）無意識の衝動であるもの、すなわち本能という内的な声が必要」であると述べている。それはファーブルが根負けしたハチの強情さのことであり、「内的な声」は本能と呼ばれる。*3

アナバチが、獲物のずれによって巣穴に獲物を運び入れないことを知るとき、なぜ症例はトイレに行くことができるのか、がより気にかかる。そこにも声が、行為に関与する。ことばと行為の関係についてミショーは、つぎのように書いている。

「突然、だが、先駆者としての一つのことば、伝令としての一つのことば、人間に先んじて地震を感じる猿のように、行為に先んじて警報を受けとるわたしの言語中枢から、発せられた一つのことば、《眩しく目をくらませる》ということばにすぐ続いて、突然、一本のナイフが、突然千のナイフが、稲妻を嵌めこみ光線を閃かせ

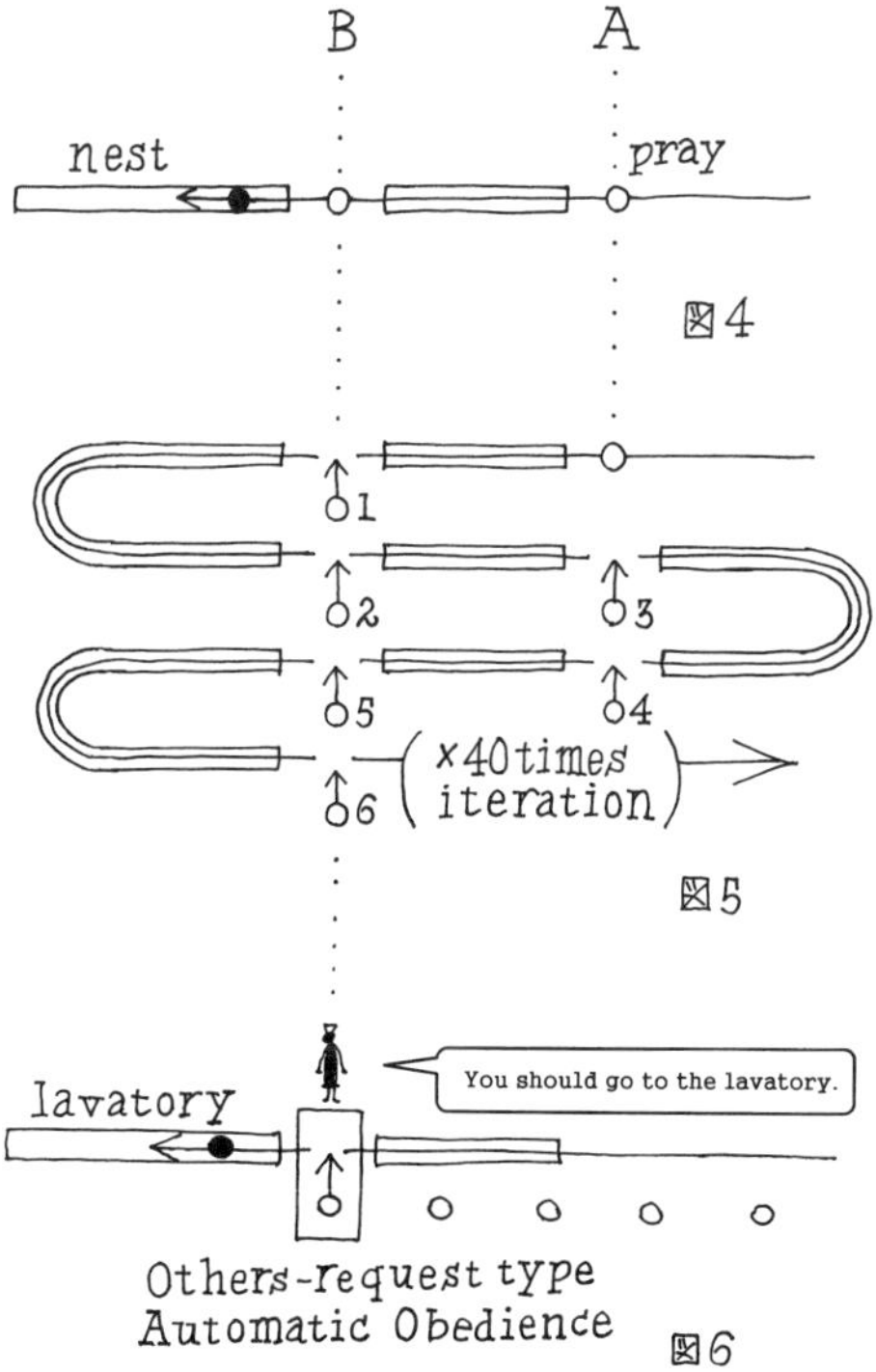

図4
図5
図6

た千の大鎌、いくつかの森を一気に全部刈りとれるほどに巨大な大鎌が、恐ろしい勢いで、驚くべきスピードで、空間を上から下まで切断しに飛びこんでくる」（ミショー、二〇〇七）

症例が必要とする声は、ミショーのいう「先駆者／伝令としてのことば」であるだろう。このとき症例は声を聞く者としてあり、他者という自然に向かって鏡を掲げ、行為のための声に沐浴する。それは外からやって来る。

症例「『トイレにいってください』といってください」

看護師「トイレにいってください」

しかし不思議なことに受け取る言葉はすでに一度、症例によって話された当の言葉でもある。言葉は他者へと移入され、行為は折り返しの聴取のなか発動する。

先に看護師の放送の声により症例が行動できることをみた。放送という機器による間接性がそこにはあると思われるが行動可能である。だが、つぎのような間接性は移用されえない。

「わたしがAさんにいって、AさんがBさんにいって汲んだ水なので飲めません。頼んだので飲めません」

関接は、他者を通していま、症例に語り返されることを必要とす

Loop type			
Repair		Sphexish-loop	Catatonic-loop
1	Who	アナバチは	症例は
2	by whom	ファーブルによって	Xによって（注二）
3	what	ずらされた獲物の位置を	意志発動性の障碍を
4	how	自らもとに場所に戻し	自ら看護師に声を要請し
5	outcome	巣穴に獲物を 運び入れない	トイレに行く

表2

る。受け取られるのは言葉ではなく、発火する声のコノテーションにあるのかもしれない。

「或る関数の値の数（真のものも偽のものも含め）は必然的に無限であり、また必然的に、われわれの知らないような可能な代入項が存在する（中略）。必要なのは、値が個々に外延的に与えられることではなく、値の全体が内包的に与えられることである」（ラッセル他、一九八七）

関接の整合性は対話の形式として生成し、二人の人間のあいだを何かが、一往復する。目の前で展開している事象の意味そのものは、声の往復と同じ階層には存在していないのだろう。

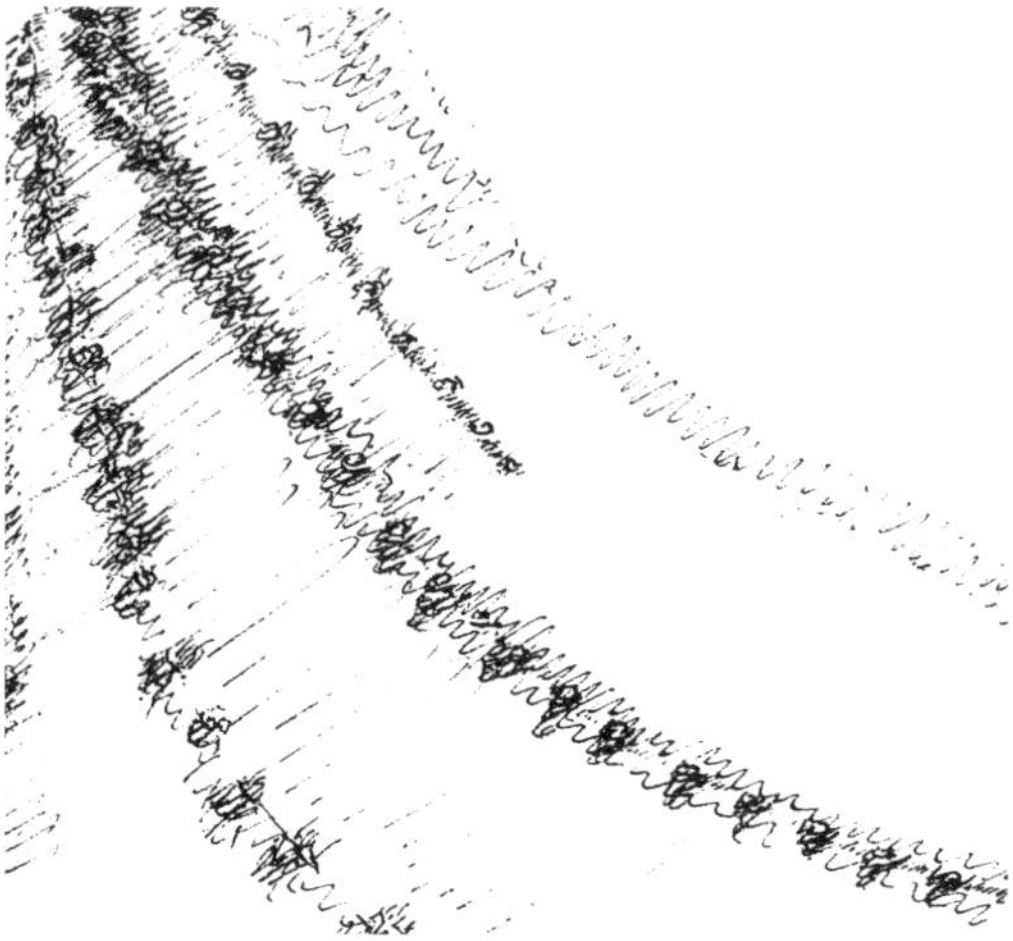

メスカリン素描　1956-58（ミショー、2007）

ハムレット　といって、あまりさらりと喋られても困る、その辺の呼吸はめいめい分別にしたがうほかはない。要するに、せりふにうごきを合わせ、うごきに即してせりふを言う、ただそれだけのことだが、そのさい心すべきは、自然の節度を越えぬということ。（シェイクスピア、二〇〇五）

視点を症例の行為以降に移すと、完了した行為を遡る身振りがときにみられる。（「途中で気づいて止めたんです」、座ろうとするが一度立ち上がり「座ってもいいですか?」と尋ねてから座る、いったんコップを持ったあと、すぐテーブルの上に

戻す）

①「〜aじゃないと〜bできません」を踏み越えてしまい、②「〜cなのに〜dしちゃいました」という逸脱が生じた際には、d→aに後戻りする打消しの身振りが瞬時に生ずる（表1：f）。それはファーブルが、「昆虫にはものを考える能力、後戻りをし、前の仕事にさかのぼってみる能力が欠けている。それがなければ、すべての結果がその価値を失ってしまうのであっても」と述べたことと対蹠的である。

打消しは声の不在に対応し、後戻りの身振りが上書きされる。このとき〈それは誰の行為であったのか〉という不気味な問いは、人間の自由に属すはずの領野に非属人的なプロセスを立ち上らせる。それはテセウスの泥船であり、人には乗ることが禁じられており、節度のなかへループバックする。その声なき単身の後戻りは、誰の行為であるといえるだろう。それは自然から、本能からどれほど隔たっているだろう。*4

6　残余　residual

キバネアナバチが獲物を引き寄せる移動、症例が呼び戻す声の移用、身振りの取戻しについてみた。都市での建築資材のようにそれらは、存続の可能性に賭けられている。本小論では問いのすべてを詳らかにすることはできていない。とりわけ観察をもとにした探査を行うことはできていない。*5 ファーブルは「観察」と「実験」をともに重視した。

「観察すること。これだけでもすでに大したことであるけれど、それだけでは充分ではない。実験をしなければならない。つまり、自分から手を出して人工的な条件をつくりだし、ふつうの状態に置いておいたなら、けっして明かさないようなことを、虫が打ち明ける必要に迫られるようにしてやることである」[*6]
だが症例はすでに揺らめいており、支えること、退路を遮らないことが先立つであろう。
カタトニアの諸徴候は、特定用語として移動させられる前から、そこにそれとしてあったのであり、ありつづけるだろう。緊張病の臨床にはいまだ知られていない特異な言語の移用の形態、見知らぬ階層の要請によるぶれと精密な関接の代入とがありうるだろう。
「遠く彼方に消え失せるかのように、何を見つめるのでもなく、目を輝かせながら、彼女は舌の先まで出かかった言葉を無言で自分のほうへ引き寄せようとしているのだった。わたしたちもまた彼女の唇の先に引っ掛かっていた。わたしたちもまた彼女と同じように待ち伏せしていた。わたしたちもまた沈黙を通じて――必死の沈黙を通じて――彼女の手助けをしているのだった。彼女は失われた言葉を呼び戻そうとしている、自分を困惑させている言葉を呼び戻そうとしているということをわたしたちは知っていた。全身を大気の中で揺らしながら、何かに取り憑かれたかのように。そして、彼女の顔がほころびる。やっと探し当てたのだ。その言葉を彼女は奇跡のように口にする。それは奇跡だった。見出された言葉は奇跡だ」(キニャール、一九九八)
残余は光を求め、臨床の営みの巣穴へと単身降りていくこととなる。

注

1 同書によるとカタトニアの臨床像は以下の徴候うち三つ以上が優勢なものである。一 昏迷、二 カタレプシー、三 蝋屈症、四 無言症、五 拒絶症、六 姿勢保持、七 わざとらしさ、八 常同症、九 外的刺激の影響によらない興奮、十 しかめ面、十一反響言語、十二反響動作
徴候はカールバウムK・Lが形作った疾患単位"Die Katatonie oder das Spannungsirresein"におけるそれを概ね踏襲する。

2 「Xによって」のXは明らかではなく、統合失調症に関連するカタトニアと呼ばれる。

3 「特別の先天的な資質」とは「動物が生まれながらに持っている形態や行動」であり、これらのうち行動に関することをファーブルは「本能」と考えていた。第二巻(下)四五頁訳注

4 ホフスタッター・Dは反覆の連続的な中間段階を想定し、"sphexish"について考察している。(ホフスタッター、一九九五)

5 ここでいう探査は、J・ロイシュのいう「患者への衝撃の観察」にあたるといえる。
「コミュニケーションの仕方を共有していない場合は、自分と相手のコミュニケーションのやり方について明確な情報をまず手に入れなければならない。やりとりはそれから起きるのである。(中略)患者のメッセージ内容を理解するため、精神科医は患者の使っている特定のコミュニケーションシステムを理解しなければならないのだ。(中略)対人状況での患者の機能度は、精神科医が患者の発するメッセージの衝撃力に自分をさらし、更に自分のメッセージの患者への衝撃を観察したときにのみ可能なのである」(ベイトソン、一九六八)
探査のひとつの形として、ベイトソンはカタレプシーについてのM・H・エリクソンの報告に触れ、"therapeutic double bind"について述べている。(ベイトソン、二〇〇〇)

6 ファーブルにはほかにつぎのような記述がある。「観察だけではしばしば陥穽にはまることになる。われわれは観察によって得たことを、われわれの思想の求むるところによって解釈するからである」「観察が問題を提起し、実験が、もし可能ならばそれを解決する。それが充分な

光をわれわれに与えることができないときでも、どうしても突き破ることのできぬ問題の暗雲に、横から何らかの光を投げかけるのである」

参考文献

American Psychological Association（APA）『DSM-5 精神疾患の診断・統計マニュアル』、高橋三郎・大野裕監訳、医学書院、二〇一四
カールバウム、K.L『緊張病』、渡辺哲夫訳、星和書店、一九七九
キニャール、P『舌の先まで出かかった名前』、高橋啓訳、青土社、一九九八
シェイクスピア、W『ハムレット』、福田恒存訳、新潮社、二〇〇五
ヌーナン、D Scenes, Jrp Ringier, 2010
ハルドゥーン、I『歴史序説2』、森本公誠訳、岩波文庫、二〇〇九
ファーブル、H『完訳 ファーブル昆虫記』、奥本大三郎訳、第一巻（上）「キバネアナバチ」・第二巻（下）「昆虫の心理についての短い覚え書き」・第四巻（上）「無分別な本能」、集英社、二〇〇五
ファーブル、H&P『昆虫』、山内了一訳、新樹社、二〇〇八
ベイトソン、G・ロイシュ、J「精神のコミュニケーション」、佐藤悦子・ボスバーグ、R訳、新思索社、一九六八
ベイトソン、G *Steps to an Ecology of Mind*, UC Press, 2000
ホフスタッター、D『メタマジック・ゲーム』、竹内郁雄・斉藤康己・片桐恭弘訳、白揚社、一九九五
ミショー、H『ひとのかたち』、小海永二訳、平凡社、二〇〇七
ラッセル、B・ホワイトヘッド、A.N「プリンキピア・マテマティカ」、『哲学0悪循環』、哲学書房、一九八七

18

カップリング(対化)をとおしての身体環境の生成

山口 一郎

はじめに

人見眞理氏の『発達とは何か　リハビリの臨床と現象学』で述べられている中核となる命題は、「リハビリというプロセスにおいてセラピストと患者はカップリングの関係にあり、お互いに連動する。そのための変化はセラピスト側にも患者側にも生じることになる」*1であると思われる。この命題をめぐり、「カップリングの関係」の内実を明らかにし、どのように「連動」が生じているのかを本論文で究明したい。

この究明をとおして見えてくるのは、人間の生きる環境とは、発達をとおして生成してくる身体環境そのものにその基礎と基盤があるということだ。人間にとっての自然環境とは、各自が生まれてくる以前に、前もって物理的自然として、まるで大きな箱ものののように、外界としてできあがっているのではない。各自は、それぞれの身体環境の生成をとおして周囲世界という環境を作り上げていく。そのさい、中心的役割を果たしているのが、ここで指摘されている、人と人のあいだに働く「カップリング(coupling)」という関係である。そして、このカップリングの関係は、実は、フッサールの主張する受動的綜合の根源的形式である「対化《ついか》(Paarung)」に近似している。したがって、以下、まずは、人見氏の呈示するリハビリの現場に近づき、そこで働いているカップリングの内実を、カップリングと対化の対照考察をとおして明確にし、カップリング（対化）をとおした身体環境の生成を解明していくことにしたい。

1 リハビリの現場でのカップリングの働き

文頭の引用にあるように、リハビリのプロセスそのものがセラピストと患者のあいだのカップリングである、とするならば、リハビリの現場で、一体どのようにカップリングが生じているのか、考えてみよう。

（1）『発達とは何か』の序章で、「Aくんというプロセス」について人見氏は、二才のAくんの様子を、次のように描いている。（a）「Aくんの身体は、常に努力をしていなければ滞ってしまう呼吸と突然全身が反り返り呼吸も止まってしまうほどのジストニックな強い緊張（不随意で持続的な筋肉の収縮）をもっていた」［14］*2（b）「呼吸が苦しいときにはじっと耐えながら、ただ苦しいという感じを感じていたが、それが楽になると大きく息をついてやっと戻ってこられたというかのように微笑んだ」［15］（c）「三歳からは介助がなくても呼吸が落ち着き始めたが、姿勢が変わるときには必ず反り返った。このようなときには「前」へ来るように声をかけ、「前」とは胸の方であることを伝えると力が抜け、容易に前へ抱きおこすことができた」［15］

では、ここでこのように描いている人見氏に見えて、感じていること、そして、Aくんとのあいだにどのような、またどのようにカップリングが起こっているのか、考えてみよう。そのとき、まずいえることは、（a）の描写は、距離をもった第三者的視点にたった観察の描写であるのに対して、（b）の場合、「苦しいという感じを感じていた」と描くということは、Aくんの感じを直接感じているのではない（人見氏ご自身が呼吸困難に陥って苦しんでいるのではない）にしろ、Aくんが「自分の身体に起る変化を感じとる能力があることが察せられた」

［15］とあるように、正確にいえば、「感じていると察せられた」ということになる。リハビリにさいして患者が何をどう感じているか、察しうることは決定的に重要だ。これなくして、感覚の変化を感じあうカップリングは、生成し得ないと思われる。（c）の描写は、そのカップリングが明確に生じていることの描写とみなすことができる。「「前」へ来るように声をかけ、「前」とは胸の方であることを伝えると力が抜け、」ということは、セラピストが患者に声をかけ、患者の方は伝えられたことが分かって、「力が抜け」たというセラピストと患者とのあいだに生じる一連のプロセスが、カップリングの内実を示しているということだ。ではここで、（b）と（c）のなかで何が起こっているのか、詳しく考えてみよう。

（2）「感じていると察せられた」というときの「察せられた」という言い方と「察した」ないし、「推察した」という言い方には、微妙な言い方の違いがある。その違いは、「感じた」というのと、「感じられた」そして、「思った」と「思われた」という言い方の違いと同じだ。相手に対して「御心痛、お察し致します」あるいは、「事情をお察し下さい」というとき、それぞれ、察する内容が決まっていて、「察する」は、目的語をもつ他動詞であると文法で説明される。それに対して「察せられる、感じられる、思われる」は、文法でいえば、自発形という「〜れる」、「〜られる」という助動詞が使われ、「自然にことが起ること」が、表現される。

ということは、セラピストとして、どんなに一所懸命に患者の感じを察しよう、推察しようとしても、自然に「感じられないもの、察せられないもの、推察されないもの」は、「感じ、察し、推察する」ことはできないことになる。なぜなら、「感じられる」ことが先に起らないと、「〜と／〜を感じる」という表現はなりたたないからだ。この感じられるか、感じられないかの、もっともはっきりした「感じ分け」が、「「前」とは胸の方であることを伝えると力が抜け、容易に前へ抱きおこすことができた」という文章（c）に表現されている。というのは、「力が抜け」ということは、抱くときに直接、Aくんの身体に触れ、抱くときのAくんの身体の緊張が、直接、「はっきり感じられていた」、まさに「その感じがなくなる」、つまり「抜ける」感じとしてセラピストに感じられているということを意味するからだ。Aくんの身体の力が抜けるのは、抱いているセラピストには、まるで自分の身体の力が抜けるときのように、直接感じられる。逆に力が入るときも同じで、力が入ったそのとき、直接そのことが、セラピストに、自分の身体に力が入ったように感じられるのである。

(3) この人見氏が、直接、Aくんの身体の力が抜けることが感じられると表現するときの「感覚の変化」の「感じ分け」は、次の症例でさらに明確になる。それは、[*3]人見氏が四才になるBちゃん(女の子)の手を包むように受け止め、Bちゃんの身体の中心に向けて一緒に手を動かそうとするとき、Bちゃんの手の「動く萌し」がしっかり感じとめられていることに現れている。人見氏はBちゃんの手の動く萌しが感じられるので、「まだだよ、一緒に行こう」ということができる。「一緒に動く、共に動く手」という運動感覚を共有する「共に生きる体験」こそ、セラピストと患者、むしろ、人と人のあいだに生じるカップリングの内実であると思える。このとき起こっているカップリングの内実は、直接、両者のあいだに、自他の動きがぴったり一致するという、一つの運動感覚の持続として両者に体験されている。このことは、人称関係の観点からして、一人称の描写でも、三人称の描写でもなく、互いに相手に向き合う二人称の関係にあることが、強調されねばならない。

「手を動かそう」とするということは、それが「意図を含んだ運動」であることを意味する。この意図を含んだ随意運動と意図を含まない不随意運動の違いは、社会生活をおくる私たち成人にとって、各自の自由な行動の責任が問われるとき、はっきり自覚されていることだ。故意に行なわれる行動か、そうでないかの区別がつかなければ、自分の行動に責任がとれない。Bちゃんが「手を動かそう」とするその「起こり」が感じられるということは、セラピスト自身の感じる「随意運動」と「不随意運動」の運動感覚の違いが、起こり始める随意運動の萌しを「随意運動」として感じられるさいに、「感じ分けの基準」として役立っている、といわればならない。自分が「自分の手を動かそう」とするときの運動感覚と、Bちゃんが「手を動かそう」とするときの「動きの起こり」の運動感覚がぴったり一致するからこそ、セラピストが「まだだよ」といえるのであり、Bちゃんもそれに応じて、動きを止め、改めてもういちど、セラピストとぴったり一緒に手を動かすことができるのだ。

他方、Bちゃんの側からみて、「まだだよ」といわれるときと「いっしょに行こう」といわれて、それがうまくいき、「そうそう、じょうず、じょうず」といわれているときとの感じ分けができている、といえる。そして、Bちゃんの側にしろ、セラピストの側にしろ、このときもっとも決定的であるのは、「手の動きの起こり」を「起こり」として、つまり、「起こる前と起こったときの起こりという変化」として気づけて（感じ分けて、意識できて）いることだ。起こる前と後の感じ分けが、Bちゃんの側にも、セラピストの側にも、二人にとって感じ分けられる同質の感覚の変化として相互に確かめられあっているのだ。そしてこのとき、Bちゃんにとって、自発的に身体を動かす原点になりうるのは、「まだ」のときにすでに起こってしまっている動きの起こりの感じと「一緒」に動くときに感じている動きの感じとの違いだ。セラピストの手の動きとぴったり一致して動いている自分の手の動き、一緒に動いているときの持続、《いつ》この「一緒」が始まり、《いつ》終わるのか、この持続が始まる前と終わった後、この持続の前後関係、いいかえれば、感覚の持続と変化が、Bちゃんにとっての時の刻み、時間の流れの成立を意味している。こうして時間の前後関係が感じ分けられているのだ。

2 カップリングと対化

これまで、AくんとBちゃんのセラピーを事例にして、セラピストと患者のあいだに生じうるカップリングの内実に迫ろうとしてきた。ここで、さらに、カップリングの内実により接近するために、フランスの現象学者N.デプラスが、オートポイエーシス論の創始者の一人であるF.ヴァレラとともに考察されたとする論稿で、フッサール現象学の受動的綜合の根源的形式とされる「対化（Paarung）」とオートポイエーシス論のカップリング（coupling）の共通点と相違について述べていることを参考にしてみよう。それによれば、「両者は、同じ四つの構成要素を含んでいる。すなわち、（1）身体への投錨性、（2）時間に基づく力動性、（3）関係的意味、（4）必然的に他者性を許容する連結の創造である」[*4]とされている。では、この四つの構成要素にそくして、セラピストと患者のあいだに生じるカップリングに迫ってみよう。

（1）「身体への投錨性」というのは、対化もカップリングも身体において働いているということを意味している。その身体相互のかかわりである身体接触にあって、Aくんのときも、Bちゃんのときも、セラピストの触れる手を受け入れ、動きを共にするとき、どうして受け入れることができ、どうして共に動くことができるのかが、問われなければならない。

（a）このとき、「自分の身体を動かす」ときの随意運動と、身体がまず先に動いて、動いた直後にそれに気づく不随意運動のときのそれぞれに感じる運動感覚の違いについてまず考えてみよう。幼児の運動の発展において、誕生後、不随意な本能的な身体の動きであるGM（ジェネラルムーブメント、運動パターンの複雑で流暢な自発的運動）がみられる。このGMは、二ヶ月期に入ると凍結期にはいり、その後その凍結が解放されることで、随意運動の成立がみられてくるとされる。小脳を中心にした皮質下と大脳皮質のあいだの「ニューロン電位振動子間の相互の興奮や抑制をとおして、相互作用が成立し、その同期をとおして運動の制限とパターン化が成立すること」[*5]で、随意運動生成の準備が整うとされるのだ。

（b）このことを現象学の志向性の観点から考察すれば、随意運動には「動きたい」とする「意識生」の関与が認められることから、大脳皮質をへた運動制御には、能動的志向性が働き始めているといえる。それに対して、本能的な不随意運動は、自我の関与を含まない受動的志向性による受動的綜合である連合（その根源的形式が対化）をとおして成立している。そして、能動的志向性による能動的綜合は、受動的志向性による受動的綜合を前提にしてしか、機能しえないことから、随意運動が働くときに感じられる「ゼロのキネステーゼ」[*6]は、本能的不随意運動が生成することなしに成立しえないといえるのだ。となれば、「ゼロのキネステーゼ」の生成に向けられたセラピーは、不随意運動そのものの十分な形成をうながすセラピーをとおして可能になるのであり、ここで問題になっているカップリングと対化の「身体性への根づき」とはまさに、意識によって制御する以前の、意識にのぼらない不随意運動を成立させている受動的綜合である連合（対化）の形成（言いかえれば、カップリングの形成）を意味しているのだ。

（c）気づき以前を生きる身体こそ、セラピストの触れる手を受け入れるか、受け入れまいとするか、セラピーの成否を決定づけるものだ。とりわけ、セラピストの触れる手の受け止めは、「生きる身体」の根本的動機にかかわるものであり、受け入れる準備ができあがっていない重症児の身体にとって、外からのすべての刺激は、得体の知れない感覚の洪水であることが想定されている。この状況を人見氏は、仰向けから横向きにしようとするだけで号泣してしまうWくんの症例をあげて、「姿勢を変えたり視界が急に変わったりすることがとんでもなく怖いのだということがわかってきた」[*7]と書いている。

（d）このような感覚の秩序が身体で形成されているか、いないかという問題については、感覚障害とされる自閉症患者の場合を参考にできるかもしれない。D.ウィリアムズは、起こってしまったパニックを緩和する方法として、「物をペアにして感じようとする」ことを挙げている。[*8]普通は、あえて努力せずに受動的綜合をとおして「対（ペア）」になって感じられ、感覚の秩序が形成されているのに対して、自閉症患者の場合、あえて「対（ペア）」になるように努力しないと対（ペア）にならないというのだ。健常な場合、視覚であれ、触覚であれ、聴覚であれ、リズミカルな刺激の繰り返しをとおして、対（ペア）が対（ペア）として成立しているのが、身体に根づいた対化とカップリングの働きによるものなのだ。

（2）感覚のリズムがリズムになるには、すなわち「ペアがペアになる」には、時間の規則性が欠かせない。対化とカップリングの第二の共通点といわれる「時間の力動性（ダイナミズム）」がここで重要な役割をはたすことになる。先にあげた人見氏がBちゃんの手をとって「さあ一緒にいこう」、「まだだよ、一緒だよ」と語りかけるとき、まさに「一緒の今の動き」、「一緒にならなかった、早すぎた動き」、「一緒にならなかった遅すぎた動き」など、二人のあいだに生きた時間が体験（今と過去と未来の体験）されている。このような時間体験は、どのようにして、——つまり、これがカップリングと対化の生じ方を意味する——成り立っているのか、明らかにされなければならない。

（a）ヴァレラは、現在の意識の成り立ちを、感覚刺激が与えられ、それが意識にもたらされ、言語表現にもたらされるまでの三段階で考察し、意識にもたらされる二段階目で当のカップリングが働いているとしている。

第一段階で与えられた感覚刺激は、この第二段階において、「神経アセンブリ〔組成〕の自己選択」をとおして、感覚刺激の内容が成立し、それが意識にもたらされ「創発」されるとされる。この神経アセンブリの自己選択の過程が、神経細胞間の「共時的カップリング」とよばれ、このカップリングは、〇・五秒かかって生滅するとされる。[*9]この自己選択は、上に述べた「二ヶ月革命」を期に、GMの凍結と凍結後の解放による、随意運動の生起と対応づけると、皮質下と皮質をとおしたニューロン電位振動子間の相互の興奮や抑制（相互作用）による同期、つまり「ニューロンの急速な過渡的位相固定をとおした選択」といえるだろう。

（b）通常、〇・五秒後に、感覚刺激が意識にのぼるとされるが、脳性マヒ児の場合、この〇・五秒が延長して、二、三秒後に意識される様子がみられる。このとき大切なのは、このズレは「さあ、一緒に行こう」、「まだだよう、一緒だよ」というときと同じく、セラピストと患者とのあいだでそのつど感じられているズレであるということだ。Bちゃんとのセラピーの場合に、「一緒に動く」ときの「ぴったり感」は、セラピストの意識にのぼっている「ぴったり感」だ。セラピストは、この意識にのぼっている同じ明らかさでBちゃんの「ぴったり感」が実際に感じられているのか、いないのか、直接体験することはできない。しかし、Bちゃんがこの「ぴったり感」をめざして自分の手の動きを制御しようとしていることは、確実であり、それがうまくいけば、「じょうず、じょうず」とほめられることに向かっているといえる。Bちゃん自身の内部でのキネステーゼにむけたカップリング（つまり、〇・五秒間に生じる神経細胞アセンブリによる自己選択）の働きは、セラピストの手の動きによって自分に与えられるキネステーゼ（他動によるキネステーゼ）とぴったり一致するように、自分のキネステーゼを起こそうとするのだ。Bちゃん自身のカップリングは、ただ、自動機械のようにかってに生じているのではない。カップリングによる意識の創発は、他の生命システムをも含めた周囲世界との相互作用（interaction）に向けて、生命システムと周囲世界とのカップリングに向けて生じているのだ。

（c）Bちゃん自身のキネステーゼとして発現するカップリングは、セラピストのカップリングとの一致に向けて生じようとし、生命システムと周囲世界のあいだの相互作用（現象学では相互覚起といわれる）をとおして「ぴったりという同時性の今」、「まだだよ、といわれるときの到来していない未来」、「遅れた場合の過去」という時間の意味が、そのつど、セラピストとBちゃんのあいだに共に体験されているのだ。時間の意味は、こうして、セラピストと患者のあいだのカップリングの共有体験として、いわば、二人称体験として間身体的に生起しているのだ。このようにシステム間に生成する真の時間の成立は、時計などの計器の計測によって決められている三人称的観察のさいの客観的時間とは異なり、この客観的時間は、その時間の意味（過去、現在、未来などの意味）をこの真の時間の意味から借用しているにすぎない。

（3）デプラスが三番目の「関係的意味」で表現したいのは、カップリングと対化をとおして身体が動くときのキネステーゼのもつ主観的意味と、動く身体の視覚像といった客観的意味が、お互いに関係しながら同時に生じていると言うことだ。

（a）見ただけで、相手の行動の意図が分かるときに機能しているとされる「ミラー・ニューロン」の働きを、運動系と知覚系のあいだのカップリング（対化）としてみたとき、この連動して関係する意味の働き方（現象学では「連合」といわれる）をより明確に理解することができる。また、リハビリのさい、運動系に含まれる触覚及びキネステーゼと、知覚系に属する視覚とのカップリングの例として、セラピストが患者の手をとって、パネルに張られた物の表面を「見ながら触れる」、「眼を閉じて触れる」、「再度眼を開けてどれに触ったたか、見て当てる」という練習で、どのようにカップリングが生じているのか、考えてみよう。このとき、ヴァレラとマトゥラーナの描く、構造的カップリングの図式を参照してみる（図1）。

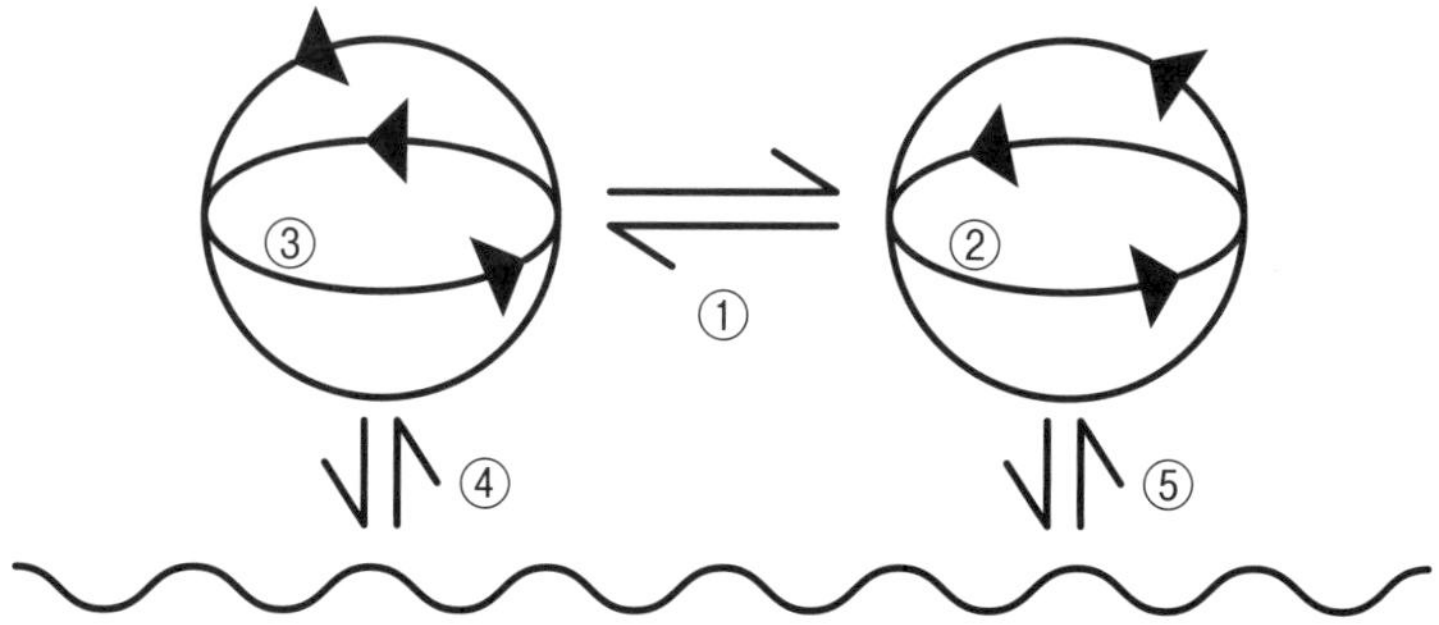

図1『知恵の樹』、212頁

　このとき、円の内部に描かれた②と③の円は、それぞれ、セラピストと患者の神経ネットワークのカップリングを意味し、それぞれの言語や自意識の働きを描いている。①は、セラピストと患者のあいだに相互に働くカップリング、④は、患者の周囲世界（〜線の連続で表記）とのあいだに働くカップリングであり、⑤は、セラピストと周囲世界のあいだに働くカップリングを意味する。この図をもとに先のリハビリの課題の内実を考えてみると、セラピストは患者（幼児）に「さあ、一緒に触ろう」と語りかけながら、幼児の手を包むようにもちながら、周囲世界にあたるパネルに張った物の表面に触れる。セラピストが①をとおして、②の働きと同時に③に働きかけ、セラピストの手の動き（患者の自発的動きでないので「他動」）で④を遂行する。④のさいの周囲世界は、パネルに張られた物の表面である。ここで大切なことは、①、②、③、④と順番に記述しているが、実は一つのことを諸相に分けて書いているだけであることだ。

　というのも、セラピストの⑤のカップリングが、②のカップリングをとおして一つの相互作用（カップリング）として起こっているときのように、セラピストが①を介して、患者に語りかけながら（③のカップリングに働きかけながら）、④のカップリングをとおして、ちょうど、⑤のカップリングをとおしてと同じように、二人が、同時に物の表面に触れるからだ。

ただし、このとき、セラピストが一人で②と⑤をとおして周囲世界にかかわる場合とことなり、患者の③と④のカップリングにさいして、③の運動系と知覚系のカップリングの働きが、十分に機能せず、キネステーゼの十分な形成がなされていない。このとき患者が、セラピストによる他動で、④をとおしてパネルに張られた物の表面に触れることは、実は、セラピストの②と⑤による物との接触と同じことがなされているのではあっても、患者にとって、セラピストの②と⑤のカップリングをそのまま遂行するのではなくても、まるで、②と⑤をとおしてかのように、③と④を行なう、擬似的な遂行なのだ。

（c）この擬似的遂行の内実は、セラピスト②のカップリングを、kをキネステーゼの略号として、vを視覚像の略号として表記すれば、

$$\begin{array}{ccccccccc} k_0 & — & k_1 & — & k_2 & — & k_3 & — & \cdots \\ | & & | & & | & & | & & \\ v_0 & — & v_1 & — & v_2 & — & v_3 & — & \cdots \end{array}$$

となり、患者の③のカップリングは、

$$\begin{array}{ccccccccc} (k_0 & — & k_1 & — & k_2 & — & k_3 & — & \cdots) \\ (| & & | & & | & & |) & & \\ v_0 & — & v_1 & — & v_2 & — & v_3 & — & \cdots \end{array}$$

と表記できる。（　）づけによって、（　）づけられた内実がいまだ機能していないことを表現している。②の k_0 ― k_1 ― k_2 ― k_3 ― ┄のとき、kの持続が、実線―で結ばれているが、これは、kの持続が、過去把持と未来予持である連合をとおして持続として成立していることを意味し、k_0 ― v_0（実際はヨコに描かれている）の実線―による連合は、能動的志向性である動機として働くキネステーゼ（主観的意味）と視覚像（客観的意味）とが対化連合（カップリング）によって、結合していることを意味している。セラピストが⑤を遂行するように、患者の④を他動で行なうことは、患者にしてみれば、セラピストの②のキネステーゼである k_0 ― k_1 ― k_2 ― k_3 ― ┄の系列が意識に上ることなく遂行されることで、視覚像の系列である v_0 ― v_1 ― v_2 ― v_3 ― ┄の対として連合（カップリング）しているはずのkの系列との結びつきが、予期される状況を作り出しているといえる。

（4）さて、四番目の共通点であげられている「他在（ないし他者性）」の成立、ないし「他であるものとの関わりの必然性」について考えてみよう。このことは、実は、すでに（3）のなかで間接的に述べられていることといえる。というのも「ゼロのキネステーゼ」と「ゼロの視覚野」が形成されるということは、内なるキネステーゼと外なる視覚野とのあいだの異質の感覚野間の対化連合（カップリング）の同時的成立を意味したからだ。そして、ゼロのキネステーゼの成立にとって決定的に重要であるのは、セラピストの語りかける「さあ一緒に行こう」をとおして、随意的運動にともなう「ゼロのキネステーゼ」の気づきへと導くことである。そのさい、（2）で描かれているように、ともに動くというゼロのキネステーゼの共有体験によって、他者の関わりのある体験と、その体験後の自分単独の場合のゼロのキネステーゼの体験との区別がなされるのである。このとき重要であるのは、もちろん、セラピストによる関わりそのものだ。つまり、一緒に身体を動かすという促しをとおして、患者に随意運動の動機づけを生じさせうるということだ。このとき不随意運動が準備されていて初めて随意運動が生起する可能性が開かれるのだが、その「きっかけ」を与えているのが、セラピストなのだ。言いかえれば、セラピスト（他者）の関わりがなければ、幼児の自己の形成はできず、幼児にとって与えられている周囲世界の側からの、幼児に潜在的に与えられている「自己」への働きかけがあって初めて、潜在的志向性として与えられている「ゼロのキネステーゼ」が覚醒しうるのだ。

3 カップリング（対化）による身体環境の生成の特質

さてここで、これまで述べられてきた内容を哲学上の観点をとおして特性づけることにしよう。

（a）カップリングの図式1に描かれているように、カップリングの核心的特性の一つは、生命システムと環境システムのあいだの相互作用（現象学でいわれる相互覚起）として作動するという点にある。環境が一方的に生命を規定するのでも、また生命が一方的に環境を規定するのでもなく、システム間のカップリングをとおして、主観としての生命と客観としての環境が初めて成立するということだ。認識論的見地からみれば、そもそも主観と客観の対立は、構造的カップリングをとおしてのみ成立することを意味する。したがって、生成済みの主観に立脚する観念論の立場も、同じく生成済みの客観に立脚する実在論の立場も、ともに、カップリングの相互作用による「識別行為」[*10]、そして対化の相互覚起による「受動的綜合としての連合」という認識論的源泉と根源に達しえない。

なお、ここで注意しておかねばならないのは、オートポイエーシス論で語られる「すべての行為は認識であり、すべての認識は行為である」[*11]というときの「行為」とは、単細胞単体の行動をも含めたactの訳語であり、相互作用（interaction）のactを意味していることだ。この意味での「行為」は、ドイツ近代、及び現代哲学で語られる「認識と実践（行為）」の対立における「行為（Handlung）、実践（Praxis）」の意味での「行為」ではないのだ。Handlungの意味の行為は、自由と責任の意識主体による行為に限定され、単細胞単体の行動にあてはめることはできない。身体環境について語られるとき、従来の近世哲学の二元論に立脚する主観－客観の対立において身体環境を理解することはできないのである。また、当然、ドイツ近代哲学における「認識と行為」の対立において理解することもできない。

（b）そのことが、もっとも明白に了解されうるのは、カップリングと対化をとおして初めて成立しうる「現在、過去、未来」という時間の意味の生成についての考察によってである。時間の意味は、「現在の意識」において、「神経細胞アセンブリの同時的カップリング」による自己選択をとおして、しかも、セラピストと患者のあいだのカップリングの重層構造をとおして、「ぴったりした今」、「まだの未来」、「ズレてしまった過去」などの共有体験として獲得される。空間の意味も同様であり、身体に根ざすキネステーゼをとおして、つまり、生命システム間のカップリングをとおして、空間の意味（内外、上下、左右、前後）の区別が成立している。身体環境を語るさい、カップリングと対化をとおした時間と空間の意味の生成を語ることなく、いかなる言表も、無意味な言表にとどまることになる。

（c）構造的カップリングは、重層的構造をなしており、構造的カップリングとして、諸システムにおいて一貫した規則性とみなすことができる。それに対して、相互覚起として作動している対化の場合、受動的綜合の根源的形式という特性に限定され、言語や自己意識などの能動的綜合における能動的志向性の規則性そのものには、妥当しない。神経ネットワーク内部のカップリングによる「言語と自己意識」の作動は、もはや「対化」

である受動的志向性のみによっては作動せず、能動的志向性である「知覚、判断、再想起、言語使用」等の能作をとおして初めて可能になる。とはいえ、能動的志向性による能動的綜合も、受動的綜合の根源的形式とされる対化の特性である「相互覚起」をそのまま前提にしており、そのことは、能動的綜合は受動的綜合をつねに前提にし、能動的綜合が働くときは、いつもその前提としての受動的綜合が働き済みであることを意味するのだ。

（d）身体環境は、それぞれの生命システムにとって、生命システム間のカップリングをとおして生成している。セラピストと患者のあいだに働くカップリングをとおして、それぞれの身体環境が拡張されていく。とりわけ、患者の側からするとき、そのカップリングの共同の作動をとおして、新たな身体環境が獲得され、世界に向かって生きることとの意味の獲得が遂行されうるのだ。リハビリにさいしてのカップリングの働きに注視するとき、患者の側の神経ネットワークのカップリングの形成とその解明が、課題とされる。この課題に正面から取り組んでいるのが、ヴァレラの主張する「神経現象学[*12]」であり、この神経現象学のもつ方法論的特性は、リハビリに働くカップリングの性格づけに重要な観点を提供している。そのさい、もっとも重要な論点は、神経現象学の方法は、たんに、現象学によるとされる「一人称的考察」と脳科学による「三人称的観察」を付け加え、互いに補足、補完しあうだけの方法ではなく、システム間の相互作用（相互覚起）の根本性格である「相互の二人称関係」が、方法論的根幹であり、カップリングの本質をなしていることだ。相互作用と相互覚起は、三人称的観察による外からの観察結果なのではない。この二人称的相互性こそ、文頭にあげたセラピストと患者のあいだに生じる「お互いに連動し、変化しあう」カップリングの内実なのだ。

注

1　人見眞理『発達とは何か　リハビリの臨床と現象学』、青土社、二〇一二年、三〇二頁。

2　以下、［　］内の数字は、人見氏の同著の頁数をさしている。

3　以下の描写は、人見氏のリハビリを見学させていただいたさいの私信のやり取りから引用させていただいたものだ。これについて、山口一郎『感覚の記憶』、知泉書館、二〇一一年、二四九頁以降を参照。

4　N. Depraz, "The rainbow of emotions: at the crossroads of neurobiology and phenomenology," in: *Phenomenology and the Cognitive Sciences*, 2008. S. 239.

5　山口一郎『感覚の記憶』、知泉書館、二〇一一年、二二七頁。

6　E. フッサール『間主観性の現象学　その方法』、筑摩書房、二〇一二年、五〇二頁。この「ゼロのキネステーゼ」に関して、人見眞理、「「ゼロのキネステーゼ」までに」、『現代思想　総特集メルロ＝ポンティ』所収、二〇〇〇～二一一頁を参照。

7　人見眞理、「「ゼロのキネステーゼ」までに」、『現代思想　総特集メルロ＝ポンティ』所収、二〇三頁。

8　詳細について、山口一郎『存在から生成へ』、知泉書館、二〇〇五年、三五七頁以降を参照。

9　このことの詳細については、山口一郎『人を生かす倫理』、知泉書館、二〇〇八年、三五四～三五八頁を参照。

10　F. ヴァレラ、U. マトゥラーナ『知恵の樹』、筑摩書房、一九九七年、四九頁。

11　同右、二九頁。

12　F. ヴァレラ「神経現象学」、『現代思想　オートポイエーシスの源流 vol 19-12』、二〇〇一年、所収。

19

高齢者・障碍者の能力を拡張する環境とは

月成 亮輔

1　はじめに

私は、脳卒中や事故・転倒などの外傷・難病等々の後遺症でリハビリテーションを必要とする人々に対して、理学療法士として歩行を中心とした行為能力を高める運動療法や運動指導を実施する日常を過ごしている。業務の中で「環境」との直接的な接点としては、まず家屋調整を目的として患者宅に出向き、環境調整のアドバイスを行うことが挙げられる。自宅環境はリハビリのゴールに繋がり、例えば、玄関に入る前に何段かの高い段差がある情報が得られれば、段差昇降が退院時ゴールの条件となり、ベッドは使わず、畳に布団を敷いて寝ていたという情報が得られれば、床へ座る動作・床から立つ動作が自宅退院の必須条件となるといった具合である。また運動療法を実施する際には、様々な道具やその練習に適した場所を選び、エクササイズを実施する。練習を行う際に利用する道具や実施する場所がその課題に適していないと、忽《たちま》ちその効果をなくすためである。このように、リハビリテーションの現場でも「環境」の概念は至るところに入り込んでいる。高齢者・障碍者の環境設定となると、バリアフリー・ユニバーサルデザインの概念から、言わば環境が人に合わせるベクトルで環境設定を考えがちである。当然、リハビリテーション医療でもその考え方は欠くことが出来ない。しかし、ここではもう一歩進んだ視点として、リハビリテーションの臨床経験の中から、バリアフリー・ユニバーサルデザインとは逆のベクトルでの環境設定、つまり高齢者・障碍者の能力を拡張する環境について考え進めてみたい。またその延長として人と環境との関係性を捉え直す視点や、現在解決されず残されている課題に結び付けていけたらと考えている。

能力を拡張する時、当人は様々な課題に直面している。課題とは、環境（物理的な環境や他人も含む）との関わり方において「どうやったら出来るのか」といった課題である。たとえば、幼児の発達場面で考えると、つかまり立ちが出来るようになる能力拡張の場面では「どうしたら、両足で立てるか」「どうやったら視線を高くできるか」等の課題があり、また笑うというコミュニケーション能力を獲得する場面では「どうしたらこの相手を喜ばせられるか」等の課題に直面していると考えられる。そのような何らかの課題に対して、自身の身体を通して、環境との関わり方を試行錯誤的に繰り返すなかで、新たな関わり方を身に付けることで能力の拡張が生ずると考えられるのである。そして、リハビリテーションの現場では、様々な理由で後遺症を抱えた患者に対して、その患者に適した課題を提示することでリハビリテーションを進めていく。運動麻痺が生じている患者には、その時点で遂行可能な定型の運動パターンでは行えないような運動課題、バランス障害を抱えた患者には片足立ちや身体重心を動かす等のバランス能力を高めるための課題提示を行う。患者はその課題に取り組むなかで、自己を再組織化し、環境との関わり方の多様性と新たな選択肢を獲得していくのである。

幼児は日常の中で、ごく自然に能力を拡張させている。新たな課題を次々に見つけては果敢にチャレンジを繰り返している。それに対して、高齢者・障碍者は日常の中で能力の拡張が生じにくい現実がある。そのため能力拡張のためには、何らかの意識的な努力が必要となるのである。課題との関わりの視点で、幼児と高齢者・障碍者はどのような違いがあるのだろうか。課題に直面する頻度は少ないのだろうか。また課題に直面してもチャレンジをしないのだろうか。もしくは課題に取り組んだとしても能力の拡張が起きにくいのだろうか。おそらくこのどれもが当てはまる。二十代前半までの期間を除き、年齢とともに認知能力や筋力は減少していく。リハビリテーションの現場での実感としても、年齢差は回復具合に大きく影響していることを想像させる。あらゆる機能が少しずつ減少しているなかで日常を過ごす高齢者においては、直面した課題を前に「今まで出来ていたことが、ある時に突然出来なくなる」という事態が生じる。また障碍者では後天的な障害の場合には上記と同様であり、先天的な障害の場合には健常者との比較を余儀なくされるため「自分には出来ないことが当然」という事態が生じる。つまり自然に能力を拡張していく幼児とは、課題に直面した際にその課題の捉え方が異なることになる。そのため、高齢者・障害者の能力拡張においては、幼児とは異なるアプローチが必要となるのである。今回のテーマは環境である。能力拡張の場面で、環境はどのような形で後押しすることができるだろうか。リハビリテーション現場での経験や、私自身の経験から考え進めてみたい。

2 高齢者・障害者の能力が拡張する環境とは

2-1 拠り所と冒険

階段昇降の練習を行う際、昇段時、降段時ともに患者は何故か最後の段差でバランスを崩すことが多い。多くの患者に共通する不思議な現象である。その傾向は、特に杖を使用する患者や、杖さえも使用しないような患者、つまり「手すりを利用しない」で階段昇降をする患者に多い傾向があった。患者は特に降段時に恐怖心を訴え、身体を緊張させることが多いのだが、その昇段・降段に関わらず、最後の段差でバランスを崩すことが多いのだ。その原因は何だろうか。階段であるため、全ての段差の高さは統一してあり、動作自体の課題の難易度はどの場所（最初の段差から最後の段差まで）であっても、同等のはずである。何らかの心理的な要因が関連していると推測できる。最後の段差を昇り（下り）終えた後は階段の踊り場であったり、平地であったり、平らな床面となっているため、最後の段を終えた心理的な油断が関連しているのだろうか。もしくは、それまでは階段の踏み面の幅（奥行き：通常二十〜二十五cm程度）で身体運動を制御していた局面が、最後の段差の後は、踏み面の幅を考慮する必要がなく動作を行えるため、そのような課題の変化により心理的な外乱が加わるのか。しかしながら、この場合は課題の変化とはいえ、最後の段差昇降の課題難易度はそれまでより低くなるはずである。

そんな事を他のリハビリスタッフとも議論したりしていたある時、ある患者のふとした言葉でその原因のヒントを得た。「ここから手すりがなくなるから、なんか不安になっちゃいます」。それまでは気づかなかったが、手すりが最後の段はなくなるのである。手すりを使用せずに階段昇降の動作を行う場合、手すりはその動作に直接的に関係しない。その環境を利用しない動作だからである。しかし、この患者はその手すりがない環境で動くことに不安を感じているのである。これは、「直接的に関係しない」と思われる環境の影響を意味している。その手すりの存在を患者は無意識に感じ取り、その存在の感触も含めた動作になっているのである。手すりはバランスを崩した際に一つの拠り所となる環境である。ここでは、患者が発した内省表現により理解が進んだが、患者自身も顕在意識として明確には実感していないなかで、不安な環境・安心して動ける環境を区別し、動作の調整を行っていると考えられる。人は行為が行われている周囲の環境に無意識下で制御されており、その中で無意識的に「拠り所」の存在を感じ取り、その存在の有無・また強さによって行為の選択が行われていることを象徴している例であると考えられるのである。

今度は「拠り所」の視点を利用して、リハビリの練習に活かしてみる。私の勤める病院では、脳卒中や転倒などによる下肢の骨折等の患者が多い。これもまた不思議な現象であるが、立位や座位を取った際、多くの患者が過剰な後方重心となる。後ろにバランスを崩すことが多いのである。例えば、歩行動作は基本的に前方に推進移動する動作であるため、重心を前に移動させる動きが必要不可欠となる。しかし、このような後方重心が著明な患者は、その前方への重心移動が困難であり、歩行練習の進みが難渋することがよくある。私もスキーを初めて行った際に、前方に重心をかけられず、スキー板のエッジが効かないため、うまくブレーキ・カーブが出来ない経験をした。ブレーキをうまくかけるために、身体を前に倒し前方重心になる感覚はどうも理屈が逆な印象もあるが、その感覚を掴むことは初心者には困難を極めるのだ。患者もそのような状態なのだろうか。恐怖心のような心理状態が、前方重心を避け、後方重心に繋がっているのかもしれない。そこで、上記の「拠り所」の観点を利用し、介入してみる。後方重心が著明で前方重心を怖がる患者に、目の前に壁があるような環境で立ち上がり、そこでまずは前の壁に手を付け、その壁に寄りかかり立つように促す。そしてそこから徐々に手を壁から離していく。すると患者はいとも簡単に前方重心の立位を取ることが可能になる。そこで更に前方重心のままで、左右への重心移動、足踏み、スクワット等の前方重心で動く感覚を掴むよう促していくのである。この場面では、壁を「拠り所」として利用している。最初は前の壁に寄りかかる練習で利用をするが、その後は寄りかかることはせず利用をしない。患者は前にはバランスを崩した際に頼れる壁があり、後ろには何もない心理状態で身体運動を行っていくことで、前方重心の感覚を掴んでいけるのである。

もう一つ、拠り所の観点を利用した介入を紹介したい。脳卒中後に多い後遺症として、半身麻痺と呼ばれる、右半身あるいは左半身どちらか一側が運動麻痺・感覚麻痺などの機能障害を起こす症状がある。片側の手足は思い通りに動かせるのに、もう一方の手足は自由が利かない状態である。そのような身体状況での歩行練習では、左右両側の下肢を同様に使用する動作は困難であり、麻痺が生じている下肢をもう一方の下肢で補うことが必要となる。この状態は、言語で表現するよりも様々な困難を生じる。ある部分を補う身体操作は、通常の身体操作以上の能力が必要であり、補い合う部分に限らず、全身的な身体操作の再調整、つまりそれまで培ってきた身体操作のすべてを再構築していくことが必要となるのである。そのようなアプローチにおいて、あらゆる身体操作を同時進行していくのではなく、非麻痺側で身体を支えることを徹底的に学習してしまうと、その後飛躍的に歩行能力が伸びることをよく経験する。もう少し具体的には、非麻痺側で身体を支える身体操作を学習した後に歩行練習を行うと、麻痺側の身体操作能力も高まってくるのである。この事実は、非麻痺側での身体操作が「拠り所」となり、その拠り所が確固たるものとなることで、全体的な身体操作のシステムがある循環を形成したことを意味している。麻痺側でバランスを崩しそうになると、麻痺側の踏ん張りではなく、「拠り所」の非麻痺側に移す。冒険をして、また拠り所に戻り、また冒険をするイメージである。

これらの例から、人は自身と環境、また自身の身体内での各部位の関係性を無意識的に組織化しており、その中で「拠り所」の存在の有無が経験の幅・可動域に影響していることを想像させる。壁を利用した重心移動のコントロールや、脳卒中後の歩行練習においても、その「拠り所」を確保することで、課題が明確化され、経験の方向性が誘導されているのだ。「拠り所と冒険」の構造は、単に物理的な環境に限ったことではなく、社会的な環境面でも経験の拡張に深く関わっていると考えられる。物理的・社会的側面に関わらず、人を取り巻く環境にはどこか「拠り所」の存在が必要であり、その「拠り所」の存在が「冒険」の機会を産む後押しとなるかもしれない。

2-2 モード変換

リハビリ室では積極的にリハビリを行い、コンプライアンスも高く、人当りも良い患者が病室に戻るととたんにキャラクターが変容し、非協力的でわがままになることがある。これは特に認知機能障害を有する患者に多いが、その逆のパターンはほとんど経験しない。おそらく意識的ではなく、患者はこの両環境の間で、心理的な切り替えを行っている。また、このような切り替えが生じるもう一つの例を挙げてみる。我々の病院では患者が退院する際に自宅で継続して行えるホームエクササイズを指導する。その患者の症状にあった継続して行うことが奨められるエクササイズメニューの指導を行うが、このホームエクササイズはなかなか継続しない。継続のために、メニューの種類を減らしたり、回数を調整したり、モチベーションが高まるようなプリントを作成したりと様々な工夫を凝らしてみるが、そのような努力はなかなか報われない。このような場面では、環境による患者の「モード変換」の構造が見えてくる。

人はそれぞれの環境に対し、それぞれの意味を持ち合わせている。それが環境と自身との距離感・位置づけとなる。ここでコスモロジーと呼ばれる概念を紹介したい。広義な意味をもつ概念ではあるが、ここでは、その場所、その空間を無性格で均質的なものとせず、意味をもった領界とみなしていく考え方（中村、一九九二）として取り出すと繋がる概念である。患者にとってのリハビリ室・病室・自宅はどのような環境（場所）であるのだろうか。リハビリ室には、多くの患者が歩行練習や筋力トレーニングなどに励んでいる光景が広がっており、トレーニング道具で室内が満たされている。そこには多くの人が行き来し、他人の目が至るところにある。対して、病室や自宅では個人スペースが確保されてあり、他人の目には触れないようなスペースがある。患者はリハビリ室・病室・自宅にそれぞれの意味を持たせていることを考えるならば、リハビリ室は社会的な場、自分を高める場として位置付けており、病室・自宅はくつろぎの場・私生活の場として存在していることが想像できる。このような対比から、おそらく患者の中では無意識のうちに心理的な切り替えを行っており、そのためそれぞれの環境でキャラクターが異なると解釈できるのである。

我々の経験の中でも、同様の事態は数多く存在する。勉強をしたい時には図書館に足を運び、運動をしたい時にフィットネスジムに通う。その気になれば、自宅で勉強出来るはずであるし、フィットネスジムまで車を走らせるのであれば、その距離を走ったり歩いたりすれば費用も掛からず手っ取り早いはずである。しかし、そのいかない、いかないいかないのである。自宅で行える健康器具を買っても三日坊主で終わってしまう経験や、また制服を着て、髪を整えると忽ち顔が引き締まることなど、日常的なあらゆる場面で環境によるモード変換が見え隠れしている。このモード変換は単に心理的なものだけに留まらない。医者・看護師の白衣をみると血圧が高くなってしまう白衣高血圧と呼ばれる現象、夜間のみに痛みが出現する夜間痛と呼ばれる症状、試合中は感じなかった痛みが試合が終わると途端に出現するといった例は、このモード変換が関連しており、それぞれのモードの変換の際には、心理状態に留まらず、交感神経・副交感神経等の自律神経の切り替えに伴い、覚醒レベル、筋緊張、さらには知覚の変換も起きていることが予想される。

このような視点から考えると、自宅でトレーニングを行うことを促すこと自体に疑問を感じざるを得ない。自宅の環境は患者にとって、くつろぎの場、私生活の場として存在している。身の周りは自分の所有物や好きな物で満たされており、TVもリモコン一つで楽しめる状況にある。くつろげる衣類を着用し、極力省エネで動けるよう筋緊張は緩む。思考回路は今夜の夕飯のメニューや公共料金の支払い等の日々の生活を巡っている。そのような課題にチャレンジする環境に相応しくない環境で、退院前に言われた「自宅でこのトレーニングを行って下さい」というスタッフの言葉は、どこまで有効になるのだろうか。その環境のモードに適さない行為は自然に淘汰される。それが自然だからである。日常の中で自身の衰えや他人とは異なる劣等感・特別感を感じているであろう高齢者・障碍者が課題を課題として認識し、その課題に取り組む機会を促すには、非日常モードが必要であるのかもしれない。喪失感や劣等感を感じにくい非日常モードの環境のなかで課題にチャレンジすることは、その気にさせるプラセボ効果としての後押しをすると考えられる。プラセボ効果とは、患者の心理に作用すると考えられる偽薬を用いた治療の有効性であり、この効果は科学的に証明されている。非日常モードへの切り替えを誘因する環境設定はそのプラセボ効果として威力を発揮すると考えられるのである。

3　持続可能な介入に向けて

ここまで、リハビリテーション現場や私自身の経験から、高齢者・障害者の能力を拡張していく環境について、ヒントとなり得そうな視点を抽出してきた。今回一つの視点として示した「拠り所」や「モード変換」はいくつかの経験での共通点から見えてきたものである。ではこれらの抽出できた視点を実際にどのように活かしていけば良いのだろうか。「拠り所と冒険」や「モード変換」の構造を意識的に設定していくことが有効な介入となり得るのだろうか。場合によっては、このような視点での介入が有効に機能することもあるかもしれない。しかし、これらの構造の適用という介入だけでは不十分であると考えている。システムの自然性に届かない限り継続して循環しないと考えられるからである。

職場で使用するあるトレーニング道具の整理整頓がなされず、業務の際に支障を来たしてしまうため、整理整頓の意識をスタッフに呼びかける等の様々な方法で改善を試みていた事があった。しかし、呼びかけた際に一時的には改善するが、その状態は継続せず、ある程度期間が経過するとまた乱雑になる日々を繰り返していた。ある時、トレーニング道具をその色ごとに整理する場所を分け、他色との区切りを明確につける仕切りを設置した。その後、呼びかけることはなくても、整理整頓されている状態が継続された。ここにシステムの転換がある。日々の業務に追われても継続して整頓が行えるようになった際に、ここに関わるスタッフは道具を元に戻す際に、整理整頓は意識的に行っているだろうか。そうではなく、おそらく赤の道具を他色の集合の場所に戻すことの違和感・不自然さと、同じ赤色の道具の集合に戻す自然さが勝っている結果であると考えられる。習慣化されるシステムでは「無意識的な行為」が大きく関わっているように思える。例えば、継続して行おうと強く決心したにも関わらず、三日坊主で終わってしまう習慣は、意志の強さの度合いが関係しているのではなく、無意識的な行為に届いていないことが予想される。今回抽出してきた「拠り所と冒険」や「モード変換」に関しても、人と環境との無意識的な相互作用であり、当人が気づいた時には自ずと反応してしまっている行為・行動である。継続するシステムには、このようなあらゆる人と環境との無意識的な相互作用が関連しており、つまりはシステムの自然性に近づく手がかりとなると考えている。

また、システムを継続させていくために必要なもう一つの別の視点を挙げてみる。河本はマトゥラーナとヴァレラが提唱したオートポイエーシスというシステム理論を説明する例として、二つのシステムの進み方の違いを取り上げている。

まず私たちが二つの家をつくりたいと思っているとしよう。この目的のためにそれぞれ十三名の職人からなる二つのグループを雇いいれる。

一方のグループでは、一人の職人をリーダーに指名し、彼に、壁、水道、電気配線、窓のレイアウトを示した設計図と、完成時からみて必要な注意が記された資料を手渡しておく職人たちは設計図を頭にいれ、リーダーの指導に従って家をつくり、設計図と資料という第二次記述によって記された最終状態にしだいに近づいていく。もう一方のグループではリーダーを指名せず、出発点に職人を配置し、それぞれの職人にごく身近な指令だけをふくんだ同じ本を手渡す。この指令には、家、管、窓のような単語はふくまれておらず、つくられる予定の家の見取図や設計図もふくまれていない。そこにふくまれるのは、職人がさまざまな位置や関係が変化するなかで、なにをなすべきかについての指示だけである。これらの本がすべてまったく同じであっても、職人はさまざまな指示を読み取り応用する。というのも彼等は異なる位置から出発し、異なった変化の道筋をとるからである。

両方の場合とも、最終結果は同じであり家ができる。しかし一方のグループの職人は、最初から最終結果を知っていて組み立てるのに対し、もう一方の職人は彼らがなにをつくっているかを知らないし、それが完成されたときでさえ、それをつくろうと思っていたわけではないのである。(河本、一九九五)

この例は、システムの継続性に関わるもう一つの視点を説明している。上記の整理整頓の例と同様に、一時的な目的の達成であるならば、設計図に準じて進めていく方法は成功するだろう。しかし、その後の継続性に繋げていくには、後半の例で述べている「結果的にそうなっている」状態に結び付けていくことが必要である。ミクロな視点ではそのシステムに関わるものそれぞれが相互作用を繰り返しているだけであり、それをマクロな視点として俯瞰したときに、結果的に目的を達成しているようなシステムである。それはシステムの継続性だけに限らず、あらゆる変化に自己組織的に対応する展開可能性も備えるシステムとなると考えられる。

高齢者・障碍者の環境に関わらず、現在の環境問題の大きなテーマは持続可能性である。継続し循環していくシステムを構築していくには、あらゆるヒントとなり得るような構造を抽出していくと同時に、システム全体を俯瞰し、その自然性に目を向ける必要がある。それには経験科学の要素還元的な視点だけではない多くのアイデアが必要であり、環境問題を考え進めていく上で残されている大きな課題なのである。

参考文献

河本英夫『第三世代システム　オートポイエーシス』青土社、一九九五、二〇五〜二〇六頁
中村雄二郎『臨床の知とは何か』岩波書店、一九九二

20

障碍者の環境

池田 由美

1　行為の形成

遠くの方で目覚まし時計のアラーム音が聞こえる。音は次第に大きくなっていく。しぶしぶ、目覚まし時計のほうへ腕を伸ばし、時計のてっぺんについているスイッチを押してアラーム音を消す。まだ眠っていたいという思いをかき消しながらゆっくりと起き上がる。でも…やっぱり…眠い、と布団の上に転がる。そんなことを数回繰り返し、いよいよ仕方なく起きてベッドから立ち上がり、キッチンへと向かう。やかんに水を入れガス台の上にやかんを置き、コンロの栓をひねる。お湯を沸かす間、しばしぼーっとする。やかんが音を吹き始め注ぎ口から湯気が出てきた。お湯が沸いたようだ。コンロの栓をひねってガスを止める。コーヒーカップとインスタントコーヒーが入った瓶を食器棚から取り出し、瓶の蓋を開け、ティースプーン一杯分のインスタントコーヒーをカップに入れて、お湯をゆっくりと注ぐ。いい香りだ。カップを両手でかかえながら、リビングへと移動し、ソファーに腰掛ける。テレビの電源を入れる。コーヒーを飲みながらいつものニュース番組を見る。残り少なくなったコーヒーを飲み干し、リビングの壁掛け時計に目をやる。急がなきゃ。ソファーからすっと立ち上がり洗面所へと向かう。歯磨きをし、顔を洗い、化粧をして、髪をとかす。寝室へと戻り、服を着がえて仕事へ行く身支度を整える。腕時計をはめながら時間を確認し、玄関へと急ぐ。外靴に履きかえながら忘れ物がないかどうか頭の中で確認し、玄関の扉を閉めマンションのエントランスへと小走りで向かう。こうして一日が始まる。

これは朝目覚めてから仕事に出かけるまでの場景である。ほんの小一時間ばかりの場景であるが、この間には多くの動作や行為が含まれている。目覚まし時計に手を伸ばす、あお向けの状態から起き上がる、ベッドから立ち上がる、キッチンに向かって歩く、やかんを持つ、コンロの栓をひねる、コーヒーカップを取りだす、カップにお湯を注ぐ、顔を洗う、服を着がえる、靴を履く、など。運動のレベルで捉えれば、膨大な数の関節運動と筋活動が滞ることなく実行されている。

これらの動作や行為は、一連の流れとしてはほぼ同じ順序で毎日繰り返されるが、一つ一つの動作や行為を全く同じに、コピーしたかのようにには行っていない。というより、人間は全く同じにには行えない。その時の体調や気分といった自己の身体のあり様や、光や温度、湿度、音などの身体をとりまく環境を感じとりながら動作や行為は自ずと選択され特定化される。そして、動作や行為を実行している本人自身の意識に上ることなく自然とそのように創発される。

人間の行為の形成には、ロボットの動きを制御する仕組みとは全く異なる仕組みがあり、行為は身体と世界(環境)とのかかわりの中でそのつど形成される。例えば、リビングまで歩くというときには、左右の下肢が交互に動き重心を移動させながら進むが、このとき同時に床と接している足裏に床面の傾きや素材、摩擦(滑りやすさ)、圧の移動といった感触を感じとっている。あるいはやかんに水を注いでいるときも、やかんを持つ腕に重さを感じとっており、注がれる水の量が徐々に増すのに応じて、手や腕に込める力の量を自ずと調整している。動作や行為とこうした感触が連動して在ることで、思い通りに動くことが実現されている。もちろん動作や行為と連動して在る感触も通常は意識に上ることはなく背景化しており、予期したことと異なる状況、例えば、路上に転がっていた小石を踏みつけたとか、急に角から人が出てきたというときに、踏みつけた石の感触が前景化し、転ばないように体勢を整えなおすことや、他人とぶつからないよう立ち止まる、あるいは素早くよけるといった次の動作へと移行する。

行為は、身体に感じとること、身体をとりまく環境世界を感じとること、身体と環境世界との関わりを感じとることを通じて形成される。こうしたことについての準備は、母体内にいるときから既に始まっている。胎児は比較的早期から胎内で手足や頭、全身を動かしはじめ、胎生十週くらいになると自分の手で自分の顔や口に触れるというダブルタッチを行うようになる（ヴォークレール、二〇一二）。さらに、妊娠二十二週を過ぎるあたりでは、自分の手指をスムーズに口の中に運び入れる運動を行うこともでき、しかも手が口唇部に接触する前に口を開け始め、ひとたび手指を口の中に入れる運動を始めるとその運動を何度も何度も繰り返すというように（Myowa-Yamakoshi, 2006）、胎児期にすでに各身体部位間の連動した動きが行える。また、視覚以外の感覚は出生前に既に機能的に成熟した状態にあるといわれ（ヴォークレール、二〇一二）、胎児は平衡機能の働きを活用して羊水に順応しながら、手足を動かすことや姿勢を保つことをしている（三島、一九九五）。

このように、胎児は、羊水という環境に相即しつつ、運動に連動した感触を身体に感じとるという経験、身体をとりまく環境（羊水、母体の動き、声や音など）の探索を繰り返し、環境を感じとるという経験、身体と環境との関わりを感じとる経験に修飾されながら身体を形成し、重力環境という次の局面に移行したときに生じる身体の重さ、光、温度、湿度、呼吸の変化などに自ずと適応可能なように身体の準備（先験的環境への準備）（人見、二〇一二）を整えているものと考えられている。

胎児期には神経系の発生・発達もめまぐるしく進む。神経細胞の数は胎児期に最も多く、その約半数は細胞死（アポトーシス）を起こすとされている（榊原、二〇一一）。胎生二十四週頃から神経軸索の髄鞘化（ミエリン形成）（神経細胞の軸索を包む円筒状の層（髄鞘、ミエリン鞘）が形成されること）が始まり、電気信号の伝導速度が速くなる。神経細胞が成熟する胎生二十七週頃から神経細胞間でのシナプス形成がはじまり、神経細胞間で情報の受け渡しが行われるようになり、神経細胞のネットワーク（神経ネットワーク）が形成されていく。神経ネットワークは脳が未熟なときは刺激に対して広範囲な神経活動が生じるのに対して、脳の成熟とともに特定化されたネットワークのみが立ち上がるという仕組みへと発達する（鍋倉、二〇〇九）。このように神経系の発達は、単純な仕組みから始まり発達とともに徐々に複雑化していくという仕組みではなく、最初に大きくつながっておいて、不要な接続を外し、回路を絞り込み、特定化して、必要な出力だけを行うという機能的で生産性の高い仕組みを取る。回路の絞り込みや特定化（神経ネットワークの組織化）も経験依存的に実行されるといわれている。つまり、経験のされ方によって、神経ネットワークの組織化のされ方が異なるということであり、可塑性（変化）があることを示している。

神経系と身体は一つのシステムを成す。システムとしての身体は行為を創発し、行為は認知と連動し身体を形成する。ここに自己の組織化の仕組みがある（河本、二〇一〇）。自己の組織化の働きにより行為は身体と環境とのかかわりの中でそのつど形成され、自己の身体に埋め込まれていく。

神経システムが脳卒中などにより損傷を受けると、損傷を受けた神経細胞は死に、ネットワークは破綻し機能しなくなる。しかし、しばらくすると、もともと存在していたにもかかわらず抑制されていたシナプスとの連絡の顕在化（unmasking）や軸索の側芽形成による神経細胞の修復（sprouting）により神経ネットワークの再構築が始まると考えられている（松嶋、二〇〇五）。しかし、損傷を受けた神経ネットワークの再構築と麻痺した手脚の機能の回復とは、神経細胞間の再接続の特性上、必ずしも同期しない。

2 障碍者の体験的世界――身体の変容・環境世界の変容・環境世界とのかかわりの変容

ある朝、グレーゴル・ザムザがなにか気がかりな夢から目をさますと、自分が寝床の中で一匹の巨大な虫に変わっているのを発見した。彼は鎧のように堅い背を下にして、あおむけに横たわっていた。頭をすこし持ち上げると、アーチのようにふくらんだ褐色の腹が見える。腹の上には横に幾本かの筋がついていて、筋の部分はくぼんでいる。腹のふくらんでいるところにかかっている布団はいまにもずり落ちそうになっていた。たくさんの足が彼の目の前に頼りなげにぴくぴく動いていた。胴体の大きさにくらべて、足はひどく細かった。

「これはいったいどうしたことだ」と彼は思った。夢ではない。

――〈中略〉――「もう少々眠って、こういう途方もないことをすべて忘れてしまったらどうだろうか」とも考えてみたが、しかしそれはぜんぜん実行不可能だった。なぜかというと、グレーゴルには右を下にして寝る習慣があったが、現在のような体の状態ではできない相談であった。どんなに一生懸命になって右を下にしようとしても、そのたびごとにぐらりぐらりと体が揺れて結局もとのあおむけの姿勢にもどってしまう。百回もそうしようと試みただろうか。そのあいだにも目はつぶったままであった。目をあけていると、もぞもぞ動いているたくさんの足がいやでも見えてしまうからだ。しかしそのうちに脇腹のあたりに、これまで経験したことのないような軽い鈍痛を感じはじめた。そこでしかたなく右を下にして寝ようという努力を中止した。

（カフカ『変身』、高橋義孝訳、新潮文庫）

これは、カフカの『変身』の一説であり、主人公がある朝目覚めてみたら、巨大な虫に変身していたという物語である。目に入ってきた身体の変容から主人公は「とんでもないことが起こった」、「夢ではないか」と疑うが、紛れもなくあおむけに寝ているのは自室の寝台であり、夢ではなさそうであることに気づく。しかし一方では、仕事に遅刻した正当な言い訳に思いを巡らしたり、じっと静かにしていればもとどおりに戻れるかもしれない、これは現実ではなく幻覚かもしれないと思ってみたりする。いろいろと思いを巡らすものの、結局、仕事に出かける準備を始めることにし、ベッドから起き上がろうと努力する。その時、変身した体が目に入り不気味な情感がわく。また思いどおりに身体が動かないことにも気づく。それでも何とか体勢を変えようと努力し、身体を動かそうとしてみる。こうした振る舞いを繰り返し、幻覚とも思えたものが現実味を増していく。

カフカの『変身』を読むと、今まさにここにある身体が自分の身体ではない別ものになってしまった状態に直面している主人公の描写から、目に入った身体が全く自分の身体とは思えないという感触、さらに思い通りには動いてくれない身体という感触はこんな感じなのかもしれないと思わされてしまう。現実に起こっていることに直面することの困難さや現実を受入れざるをえない状況になるまでのプロセスたるものをみせられているようである。

脳卒中片麻痺者も、カフカの『変身』の主人公と同じような事態に直面しているのではないかと推測する。実際に、脳卒中を発症し、その後リハビリテーションを受けた片麻痺者に、病院へ搬送されたのちに覚醒したときのことを尋ねてみると、次のような記述が得られた。

「最初はびっくりした。何だろうと思った。どうなっちゃったんだろうって。病院のベッドで、左脚（非麻痺側）が右脚（麻痺側）に触れたんだよね。脚って感じじゃないから、何が入っているんだろうって。それで左手でそーっと触ったら、何だろうこりゃと思った。太腿のところから触ればわかったんだろうけど、膝から下を（左手で）触ったんだよね。ものが入っていると思ったら自分の脚だった。驚いた」

この片麻痺者は脳卒中で倒れてから三日後に覚醒し、この記述はその時に体験したことを思い起こしながら語った内容である。そのため、若干の修飾が入っているかもしれないが、この記述には、自分の身体ではない別様のものが入っていると思ったら自分の身体だった、という驚きと戸惑いが現れている。まさしくカフカの『変身』の主人公が体験したように、自分の身体が何か別のものへと変身（メタモルフォセス）したのである。

脳卒中を発症すると、損傷を受けた脳の領域によって現れる症状は異なるが、多くの症例では損傷を受けた脳と反対側の身体の上肢・下肢の運動麻痺が起こる。運動麻痺の程度には、腕や手・脚を自力では全く動かせないレベル、非麻痺側の腕や脚など麻痺側とは別の身体部位を動かすと反射的に麻痺側の腕や脚が動くが自力では動かせないレベル、腕や手・脚のすべての関節を同じ方向であれば自力で動かせるレベル、自力で各関節を個別に動かせるが細かな調節ができないレベル、非麻痺側の腕や手・脚とほぼ同じように自力で動かせるレベルなどがある。その他、感覚障害や失語症、失行症、病態失認、半側空間無視といったいわゆる高次脳機能障害といわれる現象や、食物や水などの飲み込みが障害される摂食・嚥下《えんげ》障害、視野障害などさまざまな症状が現れる。こうした機能的な障害により、歩くことができない、着がえることができない、食事ができない、会話ができないといったさまざまな動作や行為を思い通りに行えないという事態となる。身体運動や言語の自由が奪われ、生活や社会活動の自由が制限される。

脳損傷の結果として現れ、第三者が観察可能な現象に対して、脳卒中片麻痺者本人が体験している事態というのは、先に提示した症例の記述にあるように、これまでに体験したことない世界をまさに生きていることが推察できる。腕も脚も重たい感じ、締めつけられているようで嫌な感じがする、手も足も丸まって小さくなった感じ、腕が重くて浮きそう、目を閉じると足が消えてしまう、というような脳卒中片麻痺者達の記述が示すように、健常なときとは異なる何か別様のものとして自分の身体を体験している。しかしこのことは、身体がどのように変わってしまったのかということの手前にあり、脳卒中片麻痺者自身も身体がどのように変容したかの内実については自覚できていないことが多い。外から自分の身体をながめて動かない手がここに在ることを知っていたり、身体の半身が動きづらいことを理解していたり、周囲の人から左側の空間が見えていないといわれるからおそらく左側がわかりにくいのだろうと理解しているが、自分の身体がどのようにおかしいのかわからない、自分の身体についてわからない、自分の身体のことがわからないということがわからないなど、自分でも気づいていない身体の変容がある。麻痺している腕を動かそうと力を込めてみるが動かない、動かさないと動かなくなるからと、ともかく力任せに動かしてみるも、つっぱり感や筋のこわばり感ばかりが増して思うように動かない、麻痺した腕が動いているのか静止しているのかがわからない、少ししか曲がっていないと感じたのに実際は思った以上に曲がっていた、という記述が示すように、脳卒中片麻痺者自身が体験していることには現実との間に距離があり、このことに自ら気づけないことが多い。

身体に変容をきたした状態にあれば、健常なときと同じようなやりかたでは、自分の身体とつながることも、環境世界とのかかわりがもてず環境世界に接近しつながることもできない。つまり身体に感じることや世界を感じることが難しい事態にある。自分の変容した身体に感じ取れることのみが脳卒中片麻痺者にとっての環境世界であるとすれば、感じとれる世界も変容することが想像できる。

重度のプッシャー症状（座位や立位において、非麻痺側を使って麻痺側方向へ全身を押し込むため麻痺側荷重の状態をとる）と左半側空間無視（視力は保たれているが、視野の左空間の認定ができないため、左空間に置かれた物を見つけられない、障害物にぶつかっても気づかないなどの症状がみられる）、病態失認（障碍を否定しどこも悪いところはないと主張する）を合併した片麻痺者で、座っているときに、顔面はいつも正中位（正面）よりも右に約30度偏倚した方向を向いていた。その状態で前方を見ているときにセラピストが片麻痺者に右側から話しかけたところ、片麻痺者が自ら「なんだか真っ直ぐ向いていない気がする」と返答したので、「どっちを向いている感じがするのですか」と尋ねた。すると、「これだと左の奥です」と返ってきた。そこで、「では真っ直ぐ前を向けますか」と言ったところ、片麻痺者はさらに右側方に頸部を動かしていった。「そこが真ん中ですか」というセラピストの問いかけに、「そうです」という返答であった。現象としてはより右側方を向いてしまったのだが、この片麻痺者にとってみれば、そもそも左の奥をみていたのだから、真っ直ぐ前を向くという指示に対してさらに右側方を向くという行為は正しい。一見、健常者からみれば誤った行為にみえるが、この片麻痺者にとってみれば、疑いの余地もない自明の振る舞いである。こうした振る舞いの背景に、自覚されていない身体の変容と生きる世界（体験的世界）の変容がある。

脳卒中片麻痺者にとって身体に感じとれること以外はそもそも存在しないなら、感じとりやすいところを手がかりとして、取りあえず使えるところを使って動かざるをえない。例えば、脳卒中片麻痺者の特徴的な歩き方の一つである分回し歩行（麻痺側下肢を前方へ踏み出すときに、膝関節や足部は伸展し硬直させた状態で骨盤の挙上や股関節の外転により踏み出す歩き方）は、セラピストからみれば異常な歩き方であるが、脳卒中片麻痺者に生じている事態を踏まえれば、正常－異常、健常－非健常といった関係とは別の次元で捉える必要がある。脳卒中片麻痺者にとってみれば、分回し歩行は、最大限努力した結果であり、そうとしか立ち上がらなくなった身体システムに在るということになる。

こうした身体の変容や体験的世界の変容は中枢神経系の疾患である脳卒中だけでなく、骨折や変形性関節症などの整形外科疾患においても生じる。背後にある病理は異なるとしても、障碍者はそうとしか立ち上がらない組織化された身体システムに在る。

障碍者は彼らが了解可能な環境世界で生き、それに対応しながら生きている(日高、二〇一三)のだとすれば、障碍者において身体と身体を伴った生きる世界を再構築する場がリハビリテーションであるといえる。

3　障碍を生きる――身体とのかかわり・環境世界とのかかわり

歩行時に踵から接地できるようになるために足関節の背屈運動を繰り返す、あるいは振り出し時に分回しにならないように真っ直ぐ前方に脚を振り出す練習を繰り返す、つま先が床に引っかからないよう装具をあてがうというように、健常者と比較して欠けている部分を補うような介入では、自ずと行為を創発する能力の形成までには至れない。この場合、自分自身の身体に注意を集中していれば動きを調整できるが、街を歩くときなどそれができない場面では分回しして歩くという事態になる。

こうした事態から一歩先へと進むためには、リハビリテーションのプロセスにおいて、自らの身体と現実性(世界)とのかかわりを持てる能力を形成するような工夫が課題(エクササイズ)を設定するときに必要となる。また、障碍者とセラピストとは、障碍者の今現在作動しているシステムの再編プロセスにおいて、カップリングの関係にある必要がある(人見、二〇一二)。カップリグとはそれぞれが別々に作動する身体システムとして在りながら、リハビリテーションのプロセスにおいては連動するような関係のことである(人見、二〇一二)。カップリングの関係性において、セラピストは障碍者に現れている現象の背景にある固有の病理を探索する。目の前に現れている障碍者の身体の状態や振る舞い、表情などを観察し、それをもとに、障碍者がみずから身体をどのように感じているのか、世界をどのように感じているのか、世界とかかわるということをどのように了解しているのか、自分自身のありようをどのように感じているのか（人見、二〇一二）についてさらに観察を進め、障碍者が生きる世界（体験的世界）を推察し、障碍者の振る舞いの内実を明らかにすることを試みる。そして、本人の体験的世界の裏で取り残されていることや成立していないこと、つまり本人がどのように安定しようとしているのかについて病理を考察する（人見、二〇一二）。

考察した病理をもとに課題の設定を行う。課題は選択することや身体に感じとることを含むものとして設定する必要がある。セラピストが仕掛けた課題そのものが障碍者にとっては環境世界との接点となる。障碍者は環境世界との接点において身体の側や世界の側に起こっていることの感じとりを繰り返し行い、こうした反復の中で世界とのかかわりをも同時に経験することになる。環境世界との接点は、障碍者が自分の身体や環境世界にアクセスできそうな可能性のある場（最近接領域）として設定し、セラピストには障碍者が自ら選択しながら前へとすすめるような場を障碍者の状況の変化を感じとりながら仕掛けていくことが求められる。

つまり、セラピストによる課題の設定そのものが、あるいはセラピスト自身が障碍者にとっては身体を再形成する環境世界そのものとなる。したがって、セラピストの障碍者とのかかわり方そのものが新しい現実を創発し、次の局面へと展開していくといえる。この局面の変化は必ずしも組織化の方向へ向かうだけではなく、後退したり、停滞したり、混乱が生じたり、停止したりとさまざまな方向へ変化する可能性を含んでいる。また、これまでは見えていなかった別の病理が露わになることや、全く新たな病理が生まれることもある。セラピストと患者との関係性（カップリング）の中で見え隠れする、あるいはつくられてしまう病理をリハビリ的病理（人見、二〇一二）という。障碍者とセラピストがカップリングという関係性で在る限り、変化は障碍者側にもセラピスト側にも生じ、こうした事態は避けられない。障碍者の状態が停滞しているときはセラピスト自身が停滞している。障碍者が混乱しているときはセラピストが混乱している。そのためセラピストは障碍者の身体から発せられる変化を察し、それを手がかりとして、何度も目に見えない病理を考察し、そのつど課題を変更していかなければならない。

障碍者の生きる世界はセラピストとのかかわりをつうじていかようにも変化し、あるいはセラピストの予測を超えた変化を示すこともある。

4 まとめ

障碍者は変容した身体とともに変容した世界を生きている。リハビリテーションにおいて、セラピストは障碍者の生きている現実をセラピストの側から捉える外部観察者でありつつ、障碍者をとりまく環境世界でもある。障碍者とセラピストはカップリングという関係をつうじて、セラピストは障碍者に自らの身体や世界とつながる接点（場）を提示する。障碍者はセラピストが提示した場を貫き、選択肢に直面するという行為をつうじて、身体が在るという感じ（身体内感）や、動かされていく身体の動きの感じ（身体運動感）を感じとるという経験を重ねる。このように、リハビリテーションのプロセスにおいて、障碍者とセラピストが連動し、メタモルフォーゼ（河本、二〇〇二）が起動する。

参考文献

河本英夫『臨床するオートポイエーシス　体験的世界の変容と再生』、青土社、二〇一〇

河本英夫『行為存在論的システム　メタモルフォーゼ　オートポイエーシスの核心』、青土社、二〇〇二

榊原洋一「第2章　胎児期・周産期」、『発達心理学Ⅰ』、無藤隆・子安増生編、東京大学出版、二〇一一

鍋倉淳一「発達期における脳機能回復の再編成」、ベビーサイエンス八、二六～三二頁、二〇〇九

日高敏隆『世界を、こんなふうに見てごらん』、集英社文庫、二〇一三

人見眞理『発達とは何か――リハビリの臨床と現象学』、青土社、二〇一二

ヴォークレール、J『乳幼児の発達――運動・知覚・認知』、明和政子監訳、鈴木光太郎訳、新曜社、二〇一二

松嶋康之「脳卒中後の神経回復とニューロリハビリテーションの意義」、分子脳血管学四(一)、一五～一九頁、二〇〇五

三島正英、他「第Ⅰ部 1章 そだつ 乳児の空間認知」、『空間に生きる――空間認知の発達的研究』、空間認知の発達研究会編、北大路書房、一九九五

Myowa-Yamakoshi M, et al “Do human fetuses anticipate self-oriented actions? A study by four-dimensional（4D）ultrasonography,” *Infancy*, 10:289-301, 2006

おわりに

私立大学拠点形成プログラムとして、「エコ・フィロソフィ」を開始してから、今年で一〇年目である。この一〇年間の間に、テーマも変わり、議論の力点も変わってきた。過去の著作からさまざまな「自然観」を取り出してきて、現実の選択肢を増やしたり、新たな課題をもった領域（たとえば環境経済、環境金融等）が出現すれば、それを吟味してどの程度の展開可能性があるのかを検討してきた。海外での環境にかかわる心理的な思いについてのアンケートも行ってきた。しかしたとえば二〇一一年三月の東日本大震災のように、新たに巨大な現実が出現してしまうと、一切の言葉は色あせ、どのような自然構想も疎遠なものになってしまう。どのように言葉で語っても、言葉では対応できない現実がある。だがなおそこでも微々たるものであれ、人間の住まう環境についての構想を語り続ける以外にはない。そのことによってしか前に進めない局面がある。届かないという思いを抱えながら、なおそれでも進むしかない場面があるに違いない。こうした人間の身の丈をはるかに超え出た現実は、いやおうなく「現実感そのもの」を変化させてしまう。

「環境という現実感」から再度考え直すことから開始しなければならないことがあり、そうした局面がある。そのさいには現実感そのものの変化に対応するような構想を考えてみることが必要になる。大震災（地震、津波等々）を精確に予測できるような科学は存在しない。環境の動きは巨大であり、複雑でもある。すでに古くなったスローガンにしたがえば、北京で蝶が羽ばたけば、それが増幅されてやがてフロリダでハリケーンになることは、理論的にも予想できることである。これは数学的にはかなり簡単に組み立てることができる。ところが物質の動きは、質料性による予想外の波及効果をもつ。そこまで見込んで将来起きる現実を予測できる科学はいまのところ存在しない。そこから出てくるのは、杞憂にならないほどの合理的な予防を行っていくことと、予後のための多くの選択肢をセットメニューのように提示していくことである。

環境について、あるいは環境へのかかわりについて、どこに選択肢があり、どこで別の選択ができるのかを考察していくことは、新たな現実を掴むためのごく初歩的な作業である。たとえば日本の農業の選択肢は広くはないが、それでもなお緑地の維持の最大の推進力が農業であることは間違いない。茨城県全面積に匹敵するほどの耕作放棄地が、日本にはある。コメを作れば、現在の日本ではほとんど赤字になるという現実もある。こんなとき農業にかかわる選択肢の範囲が狭すぎるのではないか、と考えていくのである。そしてどこに選択肢があるのかを考えてみる。これは現実についての鳥瞰的な説明とそこから対策を考えるようなやり方とは異なる仕組みを考案することである。一つひとつのプロセスや手順のなかには、接続点に選択肢がある。その選択肢を提示するようにして課題へのかかわりの仕方を変えてみるのである。

こうしたときには知覚情報や科学的なデータだけではほとんど足りておらず、どこか全身で感じ取っており、なおイメージをつうじて拡張されていくような経験の幅が必要となる。そのことを「ファンタスティックな環境」と呼んでおこうと思う。こうした思いのなかで本書は企画された。環境への議論を拡張し、環境への経験の局面を変えていくことにとっては驚くほどささやかな試みであるが、ともかく踏み出してみるよりないのである。

本書は、ここ五年間の東洋大学「エコ・フィロソフィ」学際研究イニシアティブ(TIEPh)の活動報告を兼ねている。センター長の山田利明先生には、忙しいなか運営に当たっていただいた。また研究助手の岩崎大君には、本書の公刊にかかわる多くの実務をこなしていただいた。また春風社の岡田幸一氏には本書の作成の各段階で一方ならずお世話になった。記し衷心より感謝したい。

河本英夫

二〇一五年八月　白山にて

執筆者紹介（執筆順）

編著者

河本 英夫 *Hideo Kawamoto*

一九八二年東京大学大学院理学系研究科博士課程修了。東洋大学文学部哲学科教授。科学哲学、システム論。著書に『オートポイエーシス――第三世代システム』（青土社）、『損傷したシステムはいかに創発・再生するか』（新曜社）、『〈わたし〉の哲学』（角川書店）など。

山田 利明 *Toshiaki Yamada*

一九七四年大正大学大学院文学研究科博士課程満期退学。東洋大学文学部東洋思想文化学科教授。中国哲学、道教儀礼研究。著書に『六朝道教儀礼の研究』（東方書店）、『道法変遷』（春秋社）、『中国学の歩み』（大修館書店）、『道教事典』（編著、平河出版社）など。

著者

岩崎 大 *Dai Iwasaki*

二〇一三年東洋大学大学院文学研究科哲学専攻博士後期課程修了。東洋大学「エコ・フィロソフィ」学際研究イニシアティブ研究助手。富士リハビリテーション専門学校非常勤講師。死生学、実存思想。著書に『死生学――死の隠蔽から自己確信へ――』（春風社）、『自然といのちの尊さについて考える――エコ・フィロソフィとサステイナビリティ学の展開――』（共編著、ノンブル社）など。

武内 和彦 *Kazuhiko Takeuchi*

一九七六年東京大学大学院農学系研究科修士課程修了。東京大学サステイナビリティ学連携研究機構長・教授、国際連合大学上級副学長。ランドスケープエコロジー、サステイナビリティ学。著書に『ランドスケープエコロジー』（朝倉書店）、『地球持続学のすすめ』（岩波書店）、『世界農業遺産』（祥伝社）など。

住 明正 *Akimasa Sumi*

一九七三年東京大学大学院理学系研究科修士課程修了。独立行政法人国立環境研究所理事長。気象学、気候力学。著書に『地球温暖化の真実』、『さらに進む 地球温暖化』（ともにウェッジ）、『気候変動がわかる気象学』（NTT出版）、『気候変動と低炭素社会（サステイナビリティ学 第２巻）』（共著、東京大学出版会）、『計算と地球環境（岩

波講座計算科学　第5巻)』(編著、岩波書店)など。

鷲谷 いづみ *Izumi Washitani*
一九七八年東京大学大学院理学系研究科博士課程修了。理学博士。中央大学理工学部人間総合理工学科教授。生態学、保全生態学で生物多様性と自然再生に係わる幅広いテーマの研究に取り組む。一九九七年第5回花の万博記念奨励賞、平成二十年度環境保全功労者環境大臣賞、二〇一一年日本生態学会功労賞、二〇一三年第7回みどりの学術賞受賞。著書多数。

安川 雅紀 *Masaki Yasukawa*
二〇〇三年東京理科大学大学院基礎工学研究科電子応用工学専攻博士後期課程単位取得退学。東京大学地球観測データ統融合連携研究機構特任助教。地球環境を対象としたデータ統合・情報融合システムに関する研究に従事。

喜連川 優 *Masaru Kitsuregawa*
一九八三年東京大学大学院工学系研究科情報工学専攻博士課程修了。工学博士。同大学生産技術研究所教授。データベース工学、並列処理、Webマイニングに関する研究に従事。二〇〇九年ACM SIGMOD Edgar F.Codd Innovations Award、二〇一一年情報処理学会功績賞、二〇一三年紫綬褒章受賞。

八木 信行 *Nobuyuki Yagi*
一九九四年ペンシルバニア大学経営学修士課程修了。東京大学大学院農学生命科学研究科准教授。博士(農学)。国際水産開発学、漁業経済学。二〇一二年国際漁業学会学会賞受賞。国際漁業経済学会(IIFET・事務局アメリカ)理事。著書に『食卓に迫る危機:グローバル社会における漁業資源の未来』(講談社)など。

石崎 恵子 *Keiko Ishizaki*
二〇一二年お茶の水女子大学人間文化研究科博士学位取得。宇宙航空研究開発機構(JAXA)人文・社会科学コーディネータ。哲学、倫理学、神秘主義。論文に「西田幾多郎における創造」『西田哲学会年報 第10号』、「宇宙開発業界における男女共同参画を通して考える多様性と一様性について」『理想 695号』など。

池上 高志 *Takashi Ikegami*
一九六一年生まれ。東京大学大学院総合文化研究科教授。複雑系科学研究者として、アートとサイエンスの領域を繋ぐ活動も精力的に行う。代表的な研究として、テープとマシンの共進化、可能世界シミュレーション、動く油滴の実験、Mind Time Machine の実験など。アート活動としては、音楽家、渋谷慶一郎とのプロジェクト「第三項音楽」や、写真家、新津保建秀とのプロジェクト「MTM」、宮島達男とのプロジェクト、生命体のような動きをするガジェット「LIFE I-model」など、その活動は多岐にわたる。著書に『動きが生命をつくる——生命と意識への構成論的アプローチ』（青土社）、『生命のサンドウィッチ理論』（共著、講談社）など。

相楽 勉 *Tsutomu Sagara*

一九八九年東洋大学大学院文学研究科博士後期課程修了。東洋大学文学部哲学科教授。現代ドイツ哲学、日本哲学、比較思想。著書に『ハイデガー『哲学への寄与』解読』（共著、平凡社）、『ハイデガー読本』（共著、法政大学出版局）、論文に「初期日本哲学における「実在」問題——西周と井上円了にとっての「哲学」」『東洋学研究第51号』など。

田村 義也 *Yoshiya Tamura*

一九九三年東京大学大学院総合文化研究科修士課程修了。成城大学非常勤講師、東洋大学「エコ・フィロソフィ」学際研究イニシアティブ客員研究員。近代日本比較文化史。著書に『南方熊楠とアジア』、『南方熊楠大事典』（ともに共編、勉誠出版）など。

横打 理奈 *Rina Yokouchi*

二〇一〇年東洋大学大学院博士後期課程単位取得退学。二松學舍大学・東洋大学非常勤講師。中国近代文学、日中比較文化。論文に「郭沫若と宮沢賢治——詩人と科学——」『郭沫若の世界』（花書院）、「郭沫若『女神』における自然——生命主義と汎神論」『「エコ・フィロソフィ」研究　第9号』など。

坂井 多穂子 *Tahoko Sakai*

二〇〇三年奈良女子大学大学院人間文化研究科比較文化学専攻博士課程修了。博士（文学）。東洋大学文学部東洋思想文化学科准教授。中国古典文学、唐宋詩。著書に『詩僧皎然集注』（共著、汲古書院）、『南宋江湖の詩人たち中国近世文学の夜明け』（共著、勉誠出版）、論文に「白居易の戯題詩——他を妬きて心火に似たり」『中国文史論叢』など。

安斎 利洋 *Toshihiro Anzai*

一九五六年東京生まれ。システムアーティスト。武蔵野美術大学基礎デザイン学科非常勤講師。著書に『パーソナル・コンピュータ・グラフィックス』（美術出版社）コミュナルなケータイ』（共著、岩波書店）など。

野村 英登 *Hideto Nomura*

二〇〇四年東洋大学大学院文学研究科中国哲学専攻博士後期課程修了。二松學舍大学・法政大学・茨城キリスト教大学非常勤講師。中国哲学、道教の身体論。著書に『からだの文化 修行と身体像』（共著、五曜書房）など。論文に「佐藤一齋の靜坐説における艮背の工夫について——林兆恩との比較から」『日本中國学会報65』など。

稲垣 諭 *Satoshi Inagaki*

二〇〇六年東洋大学大学院文学研究科哲学専攻博士後期課程修了。自治医科大学医学部総合教育部門（哲学）教授。哲学、現象学、リハビリテーションの科学哲学。著書に『衝動の現象学』（知泉書館）、『リハビリテーションの哲学あるいは哲学のリハビリテーション』（春風社）など。

日野原 圭 *Kei Hinohara*

一九九四年旭川医科大学卒業。自治医科大学精神医学教室助教、慈政会小柳病院。精神病理学、緊張病性慢性様態の精神病理。著書に『病の自然経過と精神療法（新世紀の精神科治療8）』（共著、中山書店）など。

山口 一郎 *Ichiro Yamaguchi*

一九七九年ミュンヘン大学文学部哲学科博士課程修了。東洋大学大学院哲学専攻客員教授。現象学、唯識哲学。著書に『文化を生きる身体』（知泉書館）、『現象学ことはじめ』（日本評論社）、『存在から生成へ』（知泉書館）、『感覚の記憶』（知泉書館）など。

月成 亮輔 *Ryosuke Tsukinari*

二〇〇〇年埼玉大学工学部卒業。二〇〇八年千葉県医療技術大学校理学療法学科卒業。市川市リハビリテーション病院リハビリテーション部理学療法科主任。リハビリテーション臨床論、身体論。

池田 由美 *Yumi Ikeda*

二〇一二年東洋大学大学院文学研究科哲学専攻博士後期課程修了。首都大学東京健康福祉学部理学療法学科准教授。理学療法学、運動と行為能力に関する研究。著書に『小児・発達期の包括的アプローチ——PT・OTのための実践的リハビリテーション』（共著、文光堂）。論文に「歩行の獲得に向けた認知課題の設定」『神経現象学リハビリテーション研究　創刊号』、「脳の再組織化と行為能力の形成」『東洋大学大学院紀要　48』など。

二〇一五年九月一六日　初版発行

エコ・ファンタジー ―― 環境《かんきょう》への感度《かんど》を拡張《かくちょう》するために

編著者　山田利明《やまだとしあき》　河本英夫《かわもとひでお》

発行者　三浦衛
発行所　春風社　*Shumpusha Publishing Co., Ltd.*
横浜市西区紅葉ヶ丘五三　横浜市教育会館三階
〈電話〉〇四五・二六一・三一六八　〈FAX〉〇四五・二六一・三一六九
〈振替〉〇〇二〇〇・一・三七五二四
http://www.shumpu.com　✉ info@shumpu.com

装丁・レイアウト　矢萩多聞
印刷・製本　シナノ書籍印刷 株式会社

ISBN 978-4-86110-468-8 C0010 ¥3500E